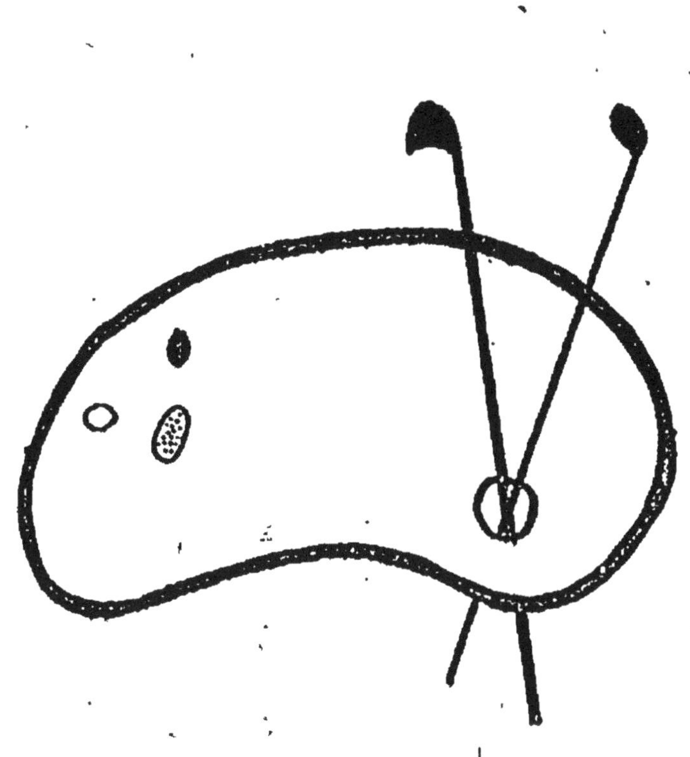

COUVERTURE SUPERIEURE ET INFERIEURE
EN COULEUR

ÉLÉMENTS USUELS

DES

SCIENCES PHYSIQUES ET NATURELLES

ÉLÉMENTS USUELS

DES

SCIENCES PHYSIQUES ET NATURELLES

rédigés conformément au programme
du Cours supérieur
des écoles primaires de garçons et de filles
(Arrêté du 18 janvier 1887, annexe F.)

Par Émile BOUANT

ANCIEN ÉLÈVE DE L'ÉCOLE NORMALE, AGRÉGÉ DES SCIENCES PHYSIQUES,
PROFESSEUR AU LYCÉE CHARLEMAGNE.

DEUXIÈME ÉDITION

AVEC **170** GRAVURES.

PARIS

IMPRIMERIE ET LIBRAIRIE CLASSIQUES
Maison Jules DELALAIN et Fils
DELALAIN FRÈRES, Successeurs
56, RUE DES ÉCOLES.

PROGRAMME

de l'Enseignement dés Sciences physiques et naturelles dans le

COURS SUPÉRIEUR

DES ÉCOLES PRIMAIRES DE GARÇONS ET DE FILLES
(Enfants de 11 à 13 ans.)

———

Notions de sciences naturelles, revision avec extension du cours moyen [1].

L'HOMME [1].

———

1. La première partie du *Cours supérieur* (l'homme, les animaux, les végétaux) est simplement une revision du *Cours moyen*. On devra faire cette revision avec soin, et se rapporter, pour cela, à notre volume du *Cours moyen*, qui traite ces questions avec tous les développements nécessaires.

ÉLÉMENTS USUELS

DES

SCIENCES PHYSIQUES ET NATURELLES

COURS SUPÉRIEUR.

LES MINÉRAUX.

I. — LES PIERRES [1].

De quoi est formée l'écorce du globe. — On vous a dit déjà, dans le *Cours élémentaire*, comment l'écorce du globe, recouverte presque partout par l'*eau* et la *terre végétale*, est formée, dans ses profondeurs, des *minéraux* les plus divers.

Les minéraux sont des masses *inanimées;* ils sont *gazeux* comme l'air, ou *liquides* comme l'eau, ou enfin *solides*. Pour le moment, nous nous occuperons uniquement de ces derniers.

Regardez les minéraux solides qui nous entourent. Les uns sont en morceaux d'une certaine grosseur, durs et résistants au choc : vous les appelez des *pierres;* les autres sont assez mous pour se laisser pétrir dans les mains, ou bien ils sont formés de parties très petites non adhérentes les unes aux autres : vous leur donnez le nom de *terres*.

---

1. On a déjà étudié, dans le *Cours élémentaire*, quelques pierres avec leurs principaux usages. Le maître devra faire revoir d'abord ces premières notions, comprises dans les leçons XXVI, XXIX, XXX, XXXI de notre *Cours élémentaire*. Cela sera d'autant plus utile que, pour éviter les répétitions, nous passerons ici très légèrement sur les points traités dans ces leçons.

Dans ce livre, nous changerons un peu ce langage. Nous réserverons le nom de *terre* à la *terre végétale*, dans laquelle poussent les plantes. Quant à tous les autres minéraux solides, nous les appellerons des *pierres* ou des *roches*, qu'ils soient durs ou tendres, en petits ou en gros morceaux : le sable, la terre glaise, seront pour nous des roches aussi bien que la pierre à fusil.

Différentes sortes de pierres. — Toutes les pierres, d'ailleurs, ne se ressemblent pas. Les unes sont dures, les autres tendres; celles-ci sont blanches, celles-là diversement colorées; il y en a qui sont légères, et d'autres lourdes.

Aussi a-t-on donné aux pierres des noms différents pour les distinguer les unes des autres.

Quand vous aurez bien considéré les quelques pierres que nous ramasserons en promenade pour notre musée, vous saurez les distinguer, à leur couleur, à leur poids, à leur dureté, partout où vous les rencontrerez. Vous saurez alors dire quel est leur nom, et à quels usages elles sont employées.

La pierre calcaire. — De toutes les roches, la plus répandue et la plus employée est peut-être la pierre *calcaire*.

Nous avons déjà dit (voir leçons XXIX et XXX du *Cours élémentaire*) à quels caractères on reconnaît cette roche. D'abord elle est toujours assez tendre pour se laisser rayer au couteau, comme vous pouvez en juger par les divers échantillons qui sont ici sous vos yeux; sa cassure est irrégulière et ne présente jamais la forme d'une cavité arrondie. De plus, la pierre calcaire fait toujours *effervescence* avec les acides, c'est-à-dire qu'elle donne naissance à des bulles d'acide carbonique, quand on l'arrose avec un acide, tel que le vinaigre fort. Vous savez enfin que la pierre calcaire, soumise pendant longtemps à une forte chaleur, se transforme en *chaux*, capable de se délayer dans l'eau.

Nous appelons donc *pierre calcaire toute pierre qui fait effervescence avec les acides, qui se laisse rayer au*

1.

couteau, qui a une cassure *irrégulière*, et qui se transforme en chaux par une cuisson prolongée.

Ceci vous montre que le calcaire renferme de *l'acide
carbonique* et de la *chaux*; c'est ce qu'on appelle une *combinaison* de ces deux substances.

Énumération des principales pierres calcaires. — Le calcaire est l'un des corps les plus répandus à la surface du
globe. Toutes les contrées de la terre offrent des dépôts
des diverses sortes de calcaire; la plus grande partie du
sol de la France en est formée. La profusion avec laquelle
le calcaire se rencontre partout est d'autant plus heureuse,
qu'aucune autre pierre ne se prête aussi bien à mille
usages divers.

Nous ne pouvons étudier d'une manière particulière
toutes les pierres calcaires; nous allons seulement dire
quelques mots des plus importantes.

C'est avec le calcaire que sont construites presque toutes
nos demeures. Le grand avantage du calcaire, c'est qu'il
est assez tendre pour pouvoir être facilement entamé,
cassé, taillé avec des instruments comme les pics, pio-
ches, marteaux, scies. Presque toutes les parties de la
France renferment du *calcaire à bâtir*, et chaque ville,
chaque village est construit avec le calcaire que l'on retire

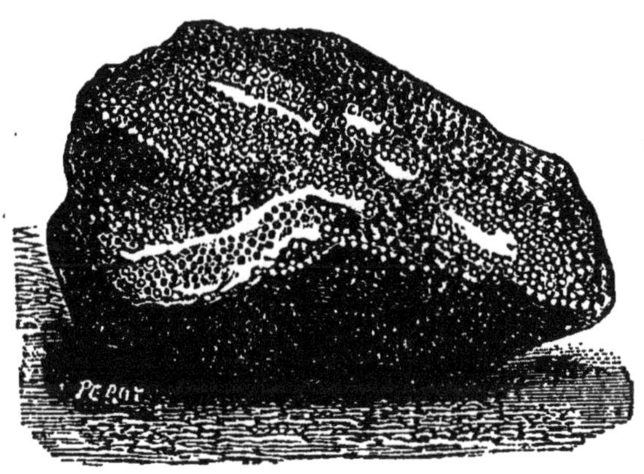

Le calcaire oolithique est formé de petits grains soudés entre eux.

des *carrières* les plus voisines. Mais il s'en faut de beaucoup que toutes ces carrières donnent des pierres de même qualité.

Certains calcaires sont trop durs pour être aisément taillés; d'autres, au contraire, sont trop tendres et ne résistent pas assez aux injures du temps.

Le *calcaire oolithique*, formé de petits grains soudés entre eux, comme des œufs de poisson, tel qu'on le rencontre en France à Niort, à Bayeux, à Caen..., est un des meilleurs. Le *calcaire grossier*, remarquable par de nom-

Le calcaire grossier renferme de nombreux débris de coquilles.

breux débris de coquilles, est plus tendre, plus facile à travailler, et sa résistance est encore bien suffisante : c'est avec ce calcaire qu'est bâtie la ville de Paris. La *craie tuffeau* est un calcaire plus tendre encore, qui se laisse sculpter avec une extrême facilité; mais il s'altère très rapidement, surtout sous l'action de l'humidité et de la gelée.

En France, il n'y a guère que quelques points de la Bretagne et de l'Auvergne qui soient privés de calcaire, et où l'on soit obligé d'employer d'autres pierres pour les constructions.

Le calcaire ordinaire à bâtir n'est pas le seul calcaire dont les usages soient importants.

La *pierre à chaux*, en tout semblable au calcaire à bâtir, est employée plus spécialement à la préparation de la chaux.

L'*albâtre*, calcaire à cassure régulière, est susceptible d'acquérir un beau poli. Cette pierre, ornée souvent de veines et de taches agréablement colorées, est un calcaire de luxe, avec lequel on fait des vases, des socles de pendule et même des dessus de table. L'*onyx* est le plus estimé des albâtres.

Le calcaire lithographique sert à la reproduction des dessins.

Le *calcaire lithographique* est encore un calcaire susceptible d'être poli ; il sert à la reproduction des dessins. Le *dessin* est tracé par l'artiste, avec un *crayon gras*, sur une pierre lithographique bien polie ; puis on répand sur la pierre un *acide* énergique. Le calcaire est aussitôt rongé, creusé par l'acide, partout où il n'est pas préservé par les traits du crayon ; le dessin reste donc tracé sur la pierre, faisant relief par rapport aux parties rongées. On n'a plus qu'à passer sur la surface un *rouleau* imprégné d'*encre d'imprimerie* : cette encre s'attache aux parties saillantes et les rend capables de reproduire le dessin

Le marbre est susceptible d'un beau poli. Il a souvent des couleurs très vives.

sur les feuilles de papier qu'on y appliquera avec la *presse*.

Le *marbre* est encore un calcaire, le plus dur de tous ; il est susceptible d'un beau poli, ce qui permet de l'employer dans la décoration et dans l'ameublement. La beauté du marbre est encore accrue par les couleurs, souvent très vives, dont il est orné. Tout son éclat est dû à son poli ; un marbre non poli a toujours des couleurs ternes. On obtient le poli en frottant la surface de la pierre avec des poudres dures, de plus en plus fines, jusqu'à ce qu'on soit arrivé à le rendre le plus brillant possible.

Les marbres se trouvent dans presque toutes les chaînes de montagnes ; les plus estimés sont ceux d'Italie, de Belgique et de France. Ils sont l'objet d'un commerce très considérable.

La *craie* est, au contraire, le moins dur des calcaires : elle peut être rayée par l'ongle. Le choc du marteau l'écrase et la pulvérise avec la plus grande facilité ; elle est si *friable* qu'elle laisse une grande partie de sa substance à tous les corps qui la touchent, qu'elle tache les doigts et peut servir à dessiner sur le bois noirci. Elle est presque toujours blanche.

La craie forme le sous-sol de contrées entières ; en France, la Champagne, les côtes de la Manche, les environs de Rouen, etc., renferment des masses énormes de craie.

Les usages de la craie ne sont ni bien nombreux ni bien importants. La plus blanche et la plus pure sert à écrire sur le tableau noir ; pour cet usage, on la scie en petits bâtons de la grosseur et de la longueur du doigt.

La poussière de craie, délayée avec de la colle, forme une couleur blanche commune, utilisée pour la peinture des bâtiments. C'est ce qu'on appelle la peinture à la chaux.

Le *blanc d'Espagne*, très souvent employé pour le nettoyage des métaux, est aussi formé par de la poussière très fine de craie.

La pierre à plâtre. — La *pierre à plâtre* est beaucoup plus tendre encore que le calcaire ; on peut la rayer avec l'ongle. Elle n'est pas attaquée par le vinaigre, ni même par l'acide sulfurique, comme vous pouvez le constater. La pierre à plâtre, en effet, ne renferme pas d'acide carbonique. C'est une *combinaison* de *l'acide sulfurique*, dont nous parlerons plus tard, avec la *chaux* : elle renferme donc de la chaux, tout comme la pierre calcaire. Cependant on aurait beau chauffer fortement la pierre à plâtre, on ne parviendrait pas à en chasser l'acide, et à la réduire à l'état de chaux pure : elle ne peut donc pas servir à la préparation de la chaux.

Quant à son aspect extérieur, il est, comme celui du calcaire, assez variable. Le plus souvent la pierre à plâtre est en masse d'un blanc jaunâtre, à cassure grenue comme celle du sucre. D'autres fois, elle est d'un blanc de neige.

Il lui arrive enfin d'être formée de grandes lamelles plates qui se superposent de façon à présenter la forme d'un *fer de lance.*

Elle est beaucoup moins répandue que la pierre calcaire : il s'en trouve cependant de grands amas en Provence, en Bourgogne, dans les Vosges et dans les environs de Paris.

Examinons d'un peu près l'action du feu sur la pierre à plâtre. Pour cela mettons, dans une casserole de terre ou de fonte, de la pierre à plâtre cassée en petits

La pierre à plâtre se présente souvent sous la forme d'un fer de lance.

morceaux, et chauffons légèrement. Nous verrons un brouillard épais s'élever au-dessus du vase, et si nous plaçons une assiette froide au-dessus de la casserole, il s'y condensera d'abondantes gouttelettes d'eau.

La pierre à plâtre contient donc, outre l'acide sulfurique et la chaux, de l'eau, qui peut être chassée par une chaleur modérée. Ainsi séchée, notre pierre constitue ce qu'on appelle le *plâtre.*

Le plâtre a une propriété toute particulière, que ne

possède pas la pierre à plâtre non cuite. Quand on le mélange, préalablement réduit en poussière, avec une grande quantité d'eau, on a d'abord une bouillie très claire, semblable à du lait ; mais cette bouillie devient bientôt plus épaisse : au bout d'un moment, on ne peut plus la remuer, et enfin elle devient tout à fait solide. On dit que le plâtre est *pris*. Vous voyez cette expérience exécutée devant vous.

La propriété qu'a le plâtre *gâché* dans l'eau de se solidifier presque instantanément est très précieuse ; on en tire le plus grand parti dans les constructions, et aussi pour le revêtement des murs intérieurs et des plafonds des appartements.

Le plâtre se prépare en grand par une cuisson prolongée de la pierre à plâtre. Les *fours à plâtre* sont simples ; ils

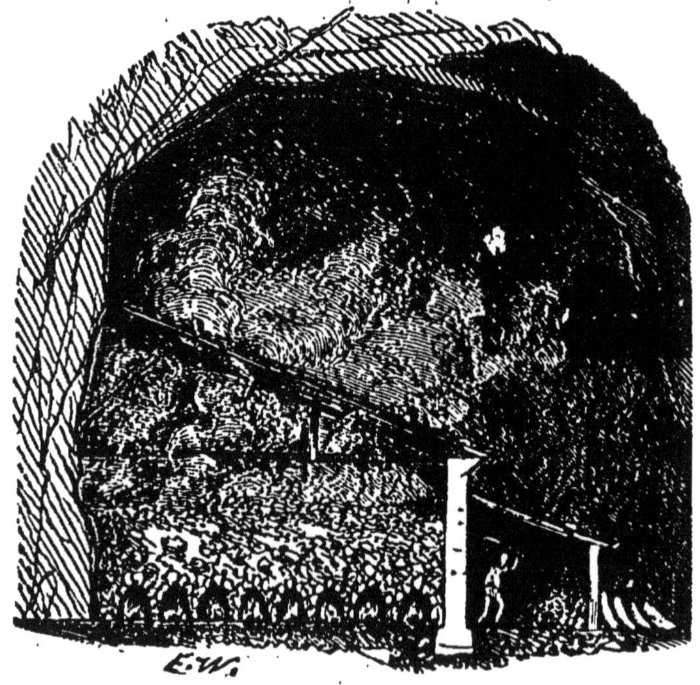

La cuisson de la pierre à plâtre, c'est-à-dire la préparation du plâtre,
se fait sous de grands hangars.

ressemblent à de grands hangars. Quand le plâtre est assez cuit, on le réduit en poussière, et on le conserve dans des sacs ou dans des tonneaux bien bouchés. Sans cette précaution, il serait bientôt *éventé*, c'est-à-dire que l'humidité de l'air lui enlèverait presque complètement la propriété de *faire prise* avec l'eau.

Je vous dirai, en passant, que le plâtre est aussi employé en agriculture. Il sert, comme la chaux, à améliorer les terres.

L'argile. — *L'argile* est presque aussi répandue sur la terre que le calcaire, et elle nous rend presque autant de services : c'est avec cette roche qu'on fabrique les briques, les poteries et les porcelaines.

L'argile ne fait pas effervescence avec le vinaigre : ce qui prouve qu'elle ne renferme pas d'acide carbonique. Quand elle est sèche, elle constitue une pierre très tendre, d'aspect terreux, de couleur très variable, douce et en quelque sorte grasse au toucher. Remarquez qu'elle se laisse rayer par l'ongle avec la plus grande facilité; elle est plus tendre encore que la pierre à plâtre : c'est plutôt une *terre* qu'une *pierre*.

Ce qui est surtout remarquable dans l'argile et permet de la distinguer de toutes les autres roches, c'est la manière dont elle se comporte avec l'eau. Prenez un morceau d'argile sèche et versez à sa surface quelques gouttes d'eau : le liquide est rapidement absorbé; il disparaît dans l'argile, comme dans une éponge, en produisant un sifflement. Si vous aviez appliqué le morceau d'argile sur votre langue, il s'y serait attaché, en s'emparant de la salive : on dit que l'argile *happe à la langue*.

Versons maintenant un peu plus d'eau sur notre roche : il nous sera facile de la délayer et d'obtenir une pâte onctueuse, tenace, susceptible de se mouler et de se laisser allonger en différents sens. On nomme *plasticité* cette propriété qu'a l'argile de former avec l'eau une pâte malléable, analogue à la pâte des boulangers.

Mais l'argile perd sa plasticité par l'action d'une température élevée. Cuite fortement, elle devient dure et inaltérable : l'eau ne peut plus la délayer. Cette propriété fait de l'argile une des roches les plus utiles à l'homme : sa plasticité permet de lui donner aisément les formes les plus diverses, formes qui sont ensuite fixées par la cuisson. Avec l'argile, on façonne les *briques*, les *poteries*, les *faïences*, les *porcelaines*, qui sont d'un usage si commun et si important. (Voir la leçon XXXI du *Cours élémentaire*.)

Les pierres siliceuses. — Les *pierres siliceuses* n'ont pas pour nous une importance aussi grande que le calcaire ou l'argile ; mais elles nous sont cependant fort utiles. Elles sont très nombreuses, présentent les aspects les plus variés, et se trouvent fort répandues à la surface et dans les profondeurs de la terre.

Toutes les pierres siliceuses, quoique ne se ressemblant guère au premier abord, se reconnaissent à un certain nombre de caractères communs. Elles ne font pas effervescence avec les acides, car elles ne renferment pas d'acide carbonique ; elles ne contiennent pas non plus de chaux, et l'action de la chaleur, même la plus violente, ne change pas leur composition. Elles sont assez dures pour ne pas être rayées par la pointe d'un couteau. Elles ne sont brisées que par le choc violent d'un marteau, et leur cassure est généralement luisante.

On peut encore reconnaître la grande dureté des pierres siliceuses en les frappant avec un *briquet* d'acier, ou sim-

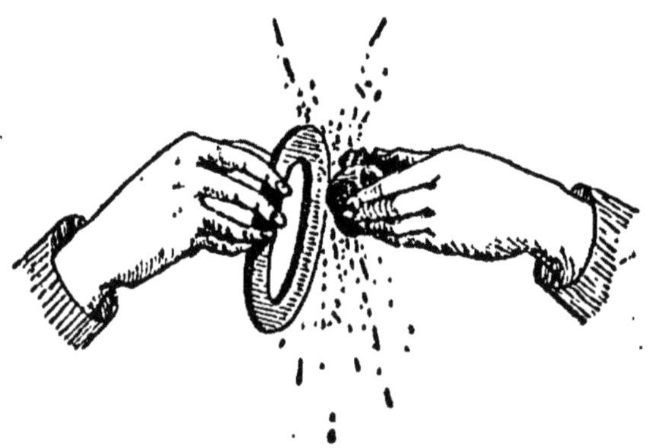

Les pierres siliceuses font très bien feu au briquet.

plement l'une contre l'autre : elles donnent alors des étincelles. C'est là un caractère qui permet de les distinguer très aisément de quantité d'autres pierres.

Le *cristal de roche* est la plus dure des pierres siliceuses. Il est le plus souvent formé par l'assemblage de *cristaux* d'un bel aspect. Le cristal le plus pur est incolore et transparent ; souvent aussi il est coloré par de très petites quantités de matières étrangères. On trouve des cristaux jaunes, roses, bleus, verts : ces cristaux colorés ressemblent alors beaucoup aux pierres précieuses (*topaze*, *rubis*, *saphir*, *émeraude*) qu'emploient les bijoutiers, et ils en usurpent souvent les noms.

L'*agate* est une autre pierre siliceuse, presque aussi dure que le cristal de roche. Elle n'est jamais cristallisée, jamais complètement transparente ; elle est toujours colorée de nuances vives et délicates, généralement variées dans le même échantillon. Elle est susceptible d'un beau poli. L'agate est employée comme pierre précieuse dans la joaillerie et l'ornementation. Les agates les moins fines servent à faire de belles billes pour les enfants, et des *mortiers*, dans lesquels on pulvérise les matières dures. La *calcédoine*, la *cornaline*, le *jaspe*, que vous connaissez peut-être de nom, sont des agates.

Mais voici des pierres siliceuses plus communes, et plus utiles. Le *silex* se rencontre presque partout en rognons arrondis, d'une grande dureté, et sans transparence. Cette pierre se divise facilement en écailles tranchantes ; elle fait très bien feu au *briquet*. Les cailloux de silex sont employés pour l'empierrement des routes ; leur grande dureté les rend parfaitement propres à cet usage.

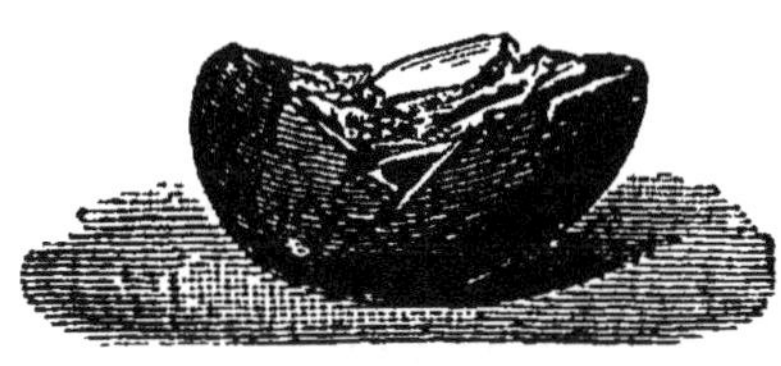

Les pierres siliceuses se présentent souvent sous la forme de rognons arrondis.

Le silex a été pour les premiers hommes ce qu'est aujourd'hui le fer pour nous. Nos ancêtres, qui ne connaissaient pas les métaux, taillaient le silex avec une prodigieuse habileté, pour en faire des outils et des armes : des haches, des couteaux, des coins, des pointes de flèches et de lances. C'est aussi en frappant l'un contre l'autre deux morceaux de silex qu'ils parvenaient à allumer du feu.

Les *pierres meulières*, qui servent à la fabrication des meules de moulin, sont aussi des pierres siliceuses. Un grand nombre de murs de soutènement et de ponts de chemins de fer sont construits en pierres meulières.

Les *grès*, enfin, sont des pierres siliceuses formées de grains de sable réunis les uns aux autres par une sorte de ciment naturel. Il vous sera donc facile de distinguer, à la simple vue, les grès de toutes les autres pierres. Les grès servent au pavage des rues et des grandes routes ; ils sont fréquemment utilisés dans les constructions ; ils sont aussi employés comme pierres à aiguiser.

Le granit. — Le *granit* a une structure encore plus complexe que celle du grès. Regardez attentivement à la loupe un échantillon de granit : vous y verrez un enchevêtrement de *cristaux* de diverses couleurs, très faciles à distinguer les uns des autres.

Les uns sont sous forme de lames brillantes, planes et unies, que l'on peut séparer avec un canif en lamelles minces : leur couleur est très variable. Les autres sont beaucoup plus durs : ces derniers cristaux, étant les plus nombreux, communiquent au granit leur dureté.

Le granit est très abondant à la surface de la terre. Le sous-sol du Limousin, de la Haute-Auvergne, de la Bretagne, en est presque entièrement formé ; on en trouve

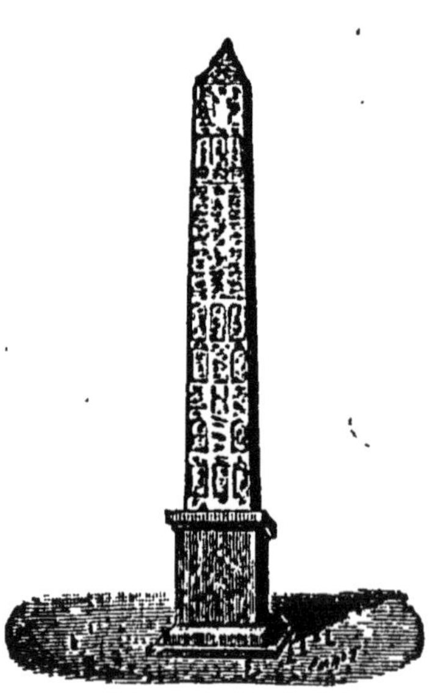

Les obélisques des Égyptiens sont taillés tout d'une pièce dans d'énormes blocs de granit.

aussi de grands amas dans les Alpes, dans les Vosges et dans les Pyrénées.

Cependant le granit est peu employé, car sa dureté en rend la taille trop difficile et trop coûteuse. Il n'y a que dans les pays où le calcaire fait complètement défaut qu'on l'emploie dans les constructions : les villes de Limoges, de Saint-Brieuc, d'Autun, de Cherbourg, sont édifiées en granit.

On emploie aussi quelquefois cette pierre pour faire des objets d'art et de décoration. Elle peut se polir comme le marbre et prendre l'aspect le plus riche : par leur dureté et l'éclat de leurs couleurs, certains granits bien polis ressemblent à un assemblage de pierres précieuses.

L'ardoise. — Dans l'*ardoise* on remarque, comme dans le granit, de petits cristaux d'une grande dureté. Ces petits cristaux sont encastrés dans une sorte de ciment argileux assez tendre pour être rayé au couteau ; l'ardoise n'a donc pas la dureté du granit.

Elle est remarquable surtout en ce qu'elle se laisse diviser très aisément en lamelles minces de grande étendue : ce qui permet de l'employer à couvrir les édifices, à faire des dalles, des tables, des planches à écrire.

Les meilleures ardoises de France sont celles d'Angers.

Le sable. — Le *sable* se compose d'une multitude de petits quartiers de pierres siliceuses, tantôt arrondis et tantôt anguleux. Ils proviennent de l'altération lente de ces pierres sous l'action de l'air et de la pluie. Le grès et le granit surtout donnent du sable par leur altération ; ce ne sont pas, bien entendu, les grès et les granits durs et compacts qui se désagrègent ainsi, mais seulement les plus *friables*, ceux dont les éléments sont peu adhérents les uns aux autres.

Le sable forme des couches très importantes du sol ; ces couches sont tantôt à la surface, tantôt à une certaine profondeur. Le lit des rivières est presque toujours formé du sable que les pluies ont amené des montagnes et des collines voisines, où le cours d'eau a pris naissance.

Les usages du sable sont nombreux et importants. Il forme un des éléments du mortier, et vous savez que le mortier est indispensable à toutes les constructions. Le sable entre dans la composition de tous les verres, verre à vitre, verre à bouteilles, cristal. C'est avec du sable qu'on fabrique les moules dans lesquels sont coulés les objets de fonte et de bronze. On s'en sert pour sabler les allées, pour nettoyer les ustensiles de cuisine, etc.

Les cailloux roulés. — Les *cailloux arrondis* que l'on trouve à chaque pas dans le lit des torrents, des rivières, sur le bord de la mer, sont aussi des pierres siliceuses ou granitiques. On le reconnaît à ce qu'ils ne se laissent pas rayer avec le couteau, et à ce qu'ils ne font pas effervescence avec les acides.

La forme des *cailloux roulés* est due à l'action du courant et des vagues, qui, en les frottant constamment les

La forme arrondie des cailloux roulés est due à l'action du courant et des vagues.

uns contre les autres, les ont usés et polis. Ceci vous explique pourquoi les cailloux roulés sont toujours formés par des pierres très dures : les roches tendres sont très vite usées et désagrégées par l'action de l'eau, et disparaissent en une poussière impalpable.

Les cailloux roulés des rivières, les galets des bords de la mer, servent à l'empierrement des routes ; quelquefois ils remplacent les moellons dans les constructions ; on les emploie, enfin, à paver les rues de certaines villes.

Observation. — Les enfants qui arrivent au cours supérieur commencent à avoir l'intelligence assez développée. Il sera bon, dès lors, de les exercer à observer directement, par eux-mêmes, les objets et les phénomènes. Des interrogations fréquentes, variées, suivront chaque leçon : on s'assurera de la sorte que les élèves ne se contentent pas d'apprendre par cœur le livre, mais qu'ils en comprennent réellement les développements.

D'autre part, ces enfants savent écrire et un peu rédiger : on leur donnera des devoirs à rapporter, en ayant soin de les choisir de façon à en faire des exercices de revision. Nous indiquerons, comme exemples, quelques sujets de devoirs à la fin de chaque chapitre.

Devoirs écrits. — A quels caractères distingue-t-on les pierres calcaires des pierres siliceuses? — Énumérer les pierres calcaires les plus importantes, et indiquer leurs usages principaux. — Dire avec quoi et comment on prépare le plâtre. Quels sont ses usages et comment s'en sert-on? — Quelle est l'action de l'eau, quelle est l'action de la chaleur sur l'argile? — Raconter la visite faite à la tuilerie voisine, et indiquer les procédés mis en œuvre pour préparer la pâte argileuse, mouler les tuiles et en opérer la cuisson. — Décrire un four à chaux, et expliquer la fabrication de la chaux.

II. — LA TERRE VÉGÉTALE.

La terre végétale. — Nous venons de voir quelles roches constituent la croûte terrestre. Mais toutes ces roches, *calcaires, siliceuses, sablonneuses, granitiques, argileuses,* se montrent rarement à la surface du sol; presque toujours elles sont recouvertes par une couche, plus ou moins épaisse, d'une matière pulvérulente brune, qu'on désigne sous le nom de *terre végétale.*

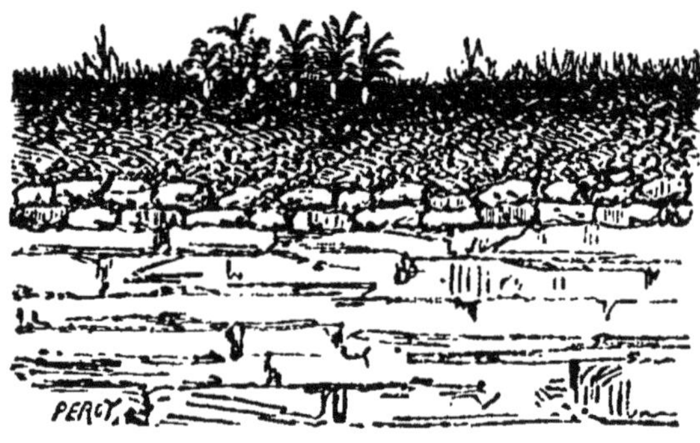

La terre végétale recouvre presque partout les roches calcaires, siliceuses, granitiques...

Dans cette couche s'enfoncent les racines des plantes; là elles puisent une grande partie des substances dont elles ont besoin pour se développer et vivre : dans les endroits où il n'y a pas de *terre,* il n'y a pas de végétation. La terre végétale est donc absolument indispensable aux hommes et aux animaux, car elle leur fournit les *végétaux,* sans lesquels ils ne tarderaient pas à mourir de faim. Les pierres que nous avons étudiées jusqu'ici n'ont pas, à elles toutes, une importance qui soit comparable à celle de la terre végétale.

Composition de la terre végétale. — Mettez dans une passoire à gros trous deux ou trois poignées de *terre végé-*

tale bien sèche, et agitez pendant un moment au-dessus d'une grande feuille de papier blanc. Toute la matière passera à travers les trous, à l'exception de quelques cailloux trop gros, que nous jetterons.

Regardez maintenant avec attention, au moyen d'une loupe, la poussière qui se trouve étalée sur le papier. Que distinguez-vous? D'abord de nombreux débris de végé-- taux, parcelles de racines, de tiges, de feuilles, de fleurs, de fruits. Ces débris sont bien petits, et vous ne distinguez même que les plus gros; mais, en y mettant une grande patience, il vous serait possible d'en trier une partie, et d'en faire un petit tas. Ces débris constituent un des élé- ments de la terre végétale, le *terreau*.

A côté des fragments de terreau, vous voyez une pous- sière minérale formée de grains de diverses grosseurs. Tous ces grains ne sont pas de même nature, et vous allez les séparer les uns des autres.

Jetez-les, pour cela, dans un bocal plein d'eau, et re- muez avec une baguette pendant quelques minutes. L'eau se trouble, elle devient épaisse et jaunâtre : la terre s'y est en partie délayée. Cessez maintenant d'agiter et versez dou- cement l'eau trouble dans une terrine. Il restera, au fond

Par l'action de l'eau, on peut diviser la terre végétale en sable et mélange d'argile, de terreau et de calcaire.

du bocal, les grains les plus gros et les plus résistants, ceux qui n'ont pas pu se délayer pendant l'agitation ; ces grains sont durs, vous ne pouvez pas les écraser entre les doigts, ils sont capables de rayer la pierre calcaire : ce sont des grains de sable. Le *sable* est un autre élément de la terre végétale.

Revenez à l'eau trouble de la terrine. Elle laisse peu à peu se déposer les matières qu'elle tenait en suspension, et, après quelques heures d'attente, vous la voyez aussi limpide que de l'eau de source. Enlevez-la tout doucement, de peur qu'elle ne se trouble de nouveau, et regardez ce qu'elle laisse au fond de la terrine. C'est une sorte de pâte molle, très douce au toucher, semblable en tous points à de l'argile arrosée d'eau. Si vous faites sécher cette pâte au soleil, elle prendra toutes les propriétés de l'argile. La terre végétale renferme donc de l'*argile* : c'est un troisième élément.

Mais cette pâte n'est pas formée d'argile pure : arrosez-la avec du vinaigre, et vous verrez se produire une vive effervescence, qui vous indiquera la présence du *calcaire*. Le calcaire est le quatrième des éléments qui forment la terre végétale.

En résumé, la terre végétale est composée : 1° de *terreau* ; 2° de *sable* ; 3° d'*argile* ; 4° de *calcaire pulvérulent*, c'est-à-dire de calcaire en poussière assez fine pour se délayer dans l'eau.

Formation de la terre végétale. — Presque toutes les

Rochers rongés par l'eau de pluie.

2.

roches s'altèrent peu à peu sous l'action de l'air, de l'humidité, et des variations de température. C'est ainsi que les pierres calcaires dont sont bâties nos maisons s'émiettent à la longue, et s'en vont en une poussière impalpable.

Eh bien! les pierres calcaires qui sont à la surface du sol, dans les vallées et sur les montagnes, sont désagrégées de la même façon et forment le calcaire pulvérulent que vous avez trouvé dans la terre végétale. Le grès, peu à peu altéré de la même manière, donne naissance au sable.

Tous ces débris, mélangés à de l'argile et à des débris végétaux, constituent la *terre*. Sur les plateaux élevés, la terre se forme sur place, par l'altération des roches du sous-sol : si le sous-sol est calcaire, la terre sera riche en calcaire pulvérulent; si le sous-sol est argileux, la terre renfermera beaucoup d'argile; si le sous-sol est sablonneux, la terre sera sablonneuse.

Sur les pentes des montagnes et des collines, la terre végétale, entraînée par les pluies qui descendent vers la plaine, n'atteint jamais qu'une faible épaisseur: souvent même, quand la pente est rapide, il n'en reste pas du tout; la roche dure est à découvert, constamment lavée par les eaux.

La terre végétale, ainsi entraînée, descend dans les vallées; là, elle s'accumule; son épaisseur augmente et devient quelquefois considérable.

Escarpement produit par l'action des eaux d'un torrent.

Cette formation de la terre est extrêmement lente : il a fallu un grand nombre de siècles pour produire la couche dans laquelle poussent les fleurs de votre jardin.

Qualités que doit avoir une bonne terre végétale. — Une terre végétale, pour être parfaite, doit *contenir en abondance toutes les substances qui sont nécessaires à la vie des plantes.* Elle doit être *perméable à l'air, à l'eau et à la chaleur;* l'air et la chaleur sont aussi nécessaires aux racines des plantes qu'à leurs feuilles; quant à l'eau, elle a pour fonction de *dissoudre* les substances nourrissantes que contient la terre, et de leur permettre d'être *absorbées* par les racines.

La terre, enfin, doit se laisser facilement traverser par les racines, et leur offrir en même temps un point d'appui assez résistant pour que la plante ne soit pas renversée par les chocs ou emportée par le vent.

Toutes ces qualités, la terre les possède quand elle contient des quantités convenables de *terreau*, d'*argile*, de *calcaire pulvérulent* et de *sable;* vous le comprendrez quand je vous aurai indiqué le rôle de chacun de ces quatre éléments.

Rôle du terreau. — Le *terreau* provient des engrais et des débris des plantes que le sol a portées. Il contient presque tout ce qui est nécessaire à la végétation; lorsqu'il est mouillé par les eaux de pluie, il leur abandonne ses substances solubles nutritives, et les racines peuvent alors, en pompant ce liquide, faire monter dans la plante tous les aliments dont elle a besoin.

Le terreau est la matière alimentaire des végétaux; c'est à la fois leur pain, leur viande et leur boisson.

Et cependant une terre formée exclusivement de terreau serait très mauvaise : le terreau est trop *meuble*, c'est-à-dire qu'il se divise trop facilement en petites parcelles, il n'a pas une *ténacité* suffisante pour que les plantes s'y fixent solidement; de plus, il est excessivement *humide*, l'eau de pluie le pénètre, le fait gonfler, et provoque dans sa masse une putréfaction rapide des matières organiques. La terre qui contient trop de terreau se remplit de gaz infects qui sont très funestes à la végétation.

Rôle de l'argile. — L'*argile* fournit aux plantes peu de nourriture; mais elle a la précieuse qualité d'absorber les matières nutritives qui proviennent de la décomposition lente du terreau et des engrais. Sans l'argile, ces précieux aliments seraient en grande partie entraînés par les eaux avant de pouvoir être pompés par les racines. De plus, l'argile absorbe l'oxygène de l'air, qui est aussi nécessaire aux racines des plantes qu'il l'est aux animaux : grâce à l'argile, la terre est aérée.

Enfin, cette substance permet aux racines de s'attacher fortement ; car elle est très tenace.

Rôle du calcaire pulvérulent. — La principale qualité du *calcaire pulvérulent* est de faciliter, d'activer la décomposition des engrais et du terreau, décomposition sans laquelle le terreau ne serait pas propre à nourrir le végétal. Mélangé à l'argile, il l'empêche de se trop durcir sous l'action du soleil et d'arrêter la croissance des racines.

Rôle du sable. — Le *sable*, le plus abondant des éléments de la terre, empêche les autres éléments d'agir trop énergiquement.

Le sable, en effet, se laisse aisément traverser par l'eau : il empêchera le terreau et l'argile de retenir trop d'humidité; il est très meuble : il s'opposera à la formation d'une pâte argileuse trop compacte, à travers laquelle les racines ne pourraient point passer; enfin, il est très perméable à l'air, à l'eau et à la chaleur : il permettra à ces trois agents, indispensables à la vie souterraine des plantes, de circuler librement à travers les racines.

Résumé. — Vous voyez que, en résumé, le terreau fournit la presque totalité des aliments de la plante; le calcaire pulvérulent active la décomposition du terreau, c'est-à-dire la préparation des aliments; l'argile retient ces aliments, de manière à ce que les racines les trouvent toujours à leur portée; le sable rend la terre perméable à l'air, à l'eau et à la chaleur, sans lesquels la végétation ne saurait se produire.

L'expérience a montré aux agriculteurs qu'une terre végétale est parfaite quand elle renferme, sur 100 grammes :

    10 grammes de terreau,
    10   ——   de calcaire pulvérulent,
    25   ——   d'argile,
    55   ——   de sable.

Diverses sortes de terres végétales. — Malheureusement, ces proportions des divers éléments, qui sont les meilleures, se rencontrent bien rarement. Presque toutes les terres renferment un excès de l'un des éléments, tandis que les autres y sont en trop petite quantité. Il en résulte des défauts plus ou moins graves, qui rendent la terre moins fertile, ou même complètement impropre à la culture.

Je veux vous dire quelques mots de ces défauts.

Terres fortes ou argileuses, plus ou moins perméables. — Les terres qui renferment trop d'*argile* se reconnaissent à ce qu'elles forment avec l'eau une pâte qui se pétrit sous les doigts ; cette pâte, séchée au soleil, devient dure, peut se couper au couteau et happe à la langue. On les appelle *terres glaises* ou *terres fortes*.

Elles ont le défaut d'être tellement *compactes*, que les racines ne peuvent les traverser que très difficilement, et qu'on ne peut les labourer qu'avec la plus grande peine. En temps d'humidité, elles arrêtent complètement les eaux, car elles sont à peu près imperméables; en temps de sécheresse, elles deviennent d'une dureté excessive. De plus, elles ne se laissent traverser ni par la chaleur ni par l'air.

Aussi les terres fortement argileuses ne sont pas susceptibles d'être cultivées. On les emploie à la fabrication des briques et des poteries.

Quand la proportion d'argile ne dépasse pas 35 grammes sur 100 grammes de terre, on peut encore leur faire produire de bonnes récoltes de *trèfle*, de *luzerne* et de *blé*.

Terres calcaires. Marnes. — Les terres trop riches en *calcaire* sont blanches ; elles se délayent aisément dans l'eau, mais sans y former de pâte ; séchées au soleil, elles se réduisent en mottes très fragiles ; elles blanchissent les doigts, comme la craie.

Les terres très fortement calcaires sont absolument infertiles : elles portent le nom de *marnes*.

L'excès de calcaire rend les terres trop humides en temps de pluie, trop sèches et trop chaudes en temps de soleil ; il épuise les engrais en les décomposant trop facilement.

Terres légères et sablonneuses. — Les terres qui renferment trop de *sable* se reconnaissent à ce caractère, qu'elles ne peuvent pas se délayer dans l'eau. Leur plus grand défaut est de manquer de *consistance*, ce qui les rend trop *meubles* et trop *perméables;* pour cette raison on les nomme *terres légères*. Elles se laissent trop facilement pénétrer par l'air : ce qui détermine un épuisement rapide de leur terreau ; elles permettent de plus à l'eau de s'écouler trop rapidement : aussi sont-elles excessivement sèches et chaudes en été.

Les terres sablonneuses sont d'une culture facile ; mais elles ne donnent que des récoltes très médiocres : on les abandonne souvent à la culture des pins.

Terres humifères. — Les *terres humifères* sont celles qui renferment trop de *terreau*. Elles sont noires et boursouflées ; quand on les délaye dans l'eau, elles exhalent une odeur fétide. En les regardant avec attention, on y aperçoit des débris de végétaux si nombreux, qu'elles en semblent exclusivement formées. On leur donne généralement le nom de *tourbes* ou *terres marécageuses*, parce qu'elles sont formées par l'accumulation au fond des marais des débris de la végétation des plantes aquatiques.

Elles sont toujours d'une *humidité excessive*, humidité qui engendre la *putréfaction*. Ce sont peut-être les moins fertiles de toutes les terres, et l'agriculture n'en tire aucun profit.

Culture des terres végétales. — Je ne puis vous donner ici les principes de la culture des terres végétales. Cette étude fera l'objet de vos leçons d'agriculture.

On vous montrera, dans ces leçons, comment on corrige de leurs défauts les terres qui ne sont pas parfaites. Vous verrez qu'on dessèche, par le *drainage*, les terres trop humides; qu'on arrose, par l'*irrigation*, celles qui sont trop sèches. Vous verrez aussi qu'on ajoute souvent au sol, pour diminuer ses défauts naturels, diverses substances appelées *amendements*; les principaux amendements sont la *chaux*, la *marne*, le *plâtre*.

On vous indiquera encore comment le *labourage* mélange la terre avec les engrais et les amendements qui ont été répandus à sa surface; comment il ramène à la partie supérieure les couches profondes; comment il rend la terre plus meuble, plus perméable à l'air et à l'eau.

On vous dira enfin que les engrais sont destinés à restituer à la terre ce que les récoltes successives lui enlèvent.

Mais nous ne pouvons, dans ce cours, insister sur toutes ces questions importantes.

Devoirs écrits. — Dire comment on reconnaît la présence du calcaire dans la terre végétale. Quel est le rôle du calcaire; quels inconvénients présentent les terres qui renferment trop de calcaire?

On fera faire le même devoir sur le terreau, sur l'argile, sur le sable.

Les questions agricoles seront l'objet de nombreux devoirs écrits sur le rôle et l'utilité des engrais, le rôle et l'utilité des amendements, l'importance du labourage, le but du drainage, de l'irrigation, les divers procédés de culture, les instruments aratoires....

III. — L'ACTION DE L'EAU SUR LE SOL.

La circulation des eaux. — Vous connaissez maintenant les principaux éléments qui forment la croûte de notre globe. Mais, outre ces éléments solides, il en est un, généralement liquide, l'*eau*, qui est sur la terre en quantité beaucoup plus grande que chacune des autres substances. Nous allons l'étudier à son tour.

Nous avons vu, dans le *Cours élémentaire*, comment l'eau de la mer *s'évapore* sous l'action de la chaleur solaire; comment elle est transportée par le vent sur les continents, où elle *se condense*, pour former la pluie ou la neige. Vous avez vu l'eau, tour à tour *solide* sur les montagnes, *liquide* dans les rivières et dans l'Océan, à l'*état gazeux* dans l'atmosphère, porter partout le mouvement et la vie[1].

Nous ne reviendrons pas sur cette *circulation* des eaux; ce que je veux vous montrer maintenant, c'est leur action sur les différentes roches que vous connaissez.

Action mécanique de l'eau sur les roches. — La surface de la terre n'est pas toujours la même. Elle était, il y a quelques siècles, différente de ce qu'elle est aujourd'hui; des changements incessants se produisent encore sous nos yeux, et l'eau est le principal agent de ces modifications. Chaque jour les rivages de la mer changent de forme, le lit des fleuves se déplace, les vallées s'élèvent, pendant que les montagnes s'abaissent. Ce travail des eaux se produit sans relâche, et il vous serait bien facile d'en être les témoins, comme vous allez bientôt le comprendre.

Regardez ces *cailloux roulés* qui sont si abondants sur les bords de la mer : ils doivent leur forme à l'action incessante de l'eau. Comment a été creusé ce trou profond que vous voyez au milieu de la dalle placée devant chaque

---

1. Voir les leçons XX à XXV du *Cours élémentaire.*

fontaine, si ce n'est par la chute continuelle de l'eau? Que la dalle soit en calcaire ou en granit, elle sera creusée à la longue. Ces observations si simples suffisent pour vous montrer que l'eau peut ronger et détruire toutes les roches, même les plus dures.

Lorsqu'elles agissent sur les roches tendres, les eaux les *désagrègent*, les réduisent en poussière et entraînent avec elles les débris qu'elles ont formés; elles usent peu à peu les pierres les plus résistantes, en les frottant les unes contre les autres; elles entraînent même les rochers et les troncs d'arbres du sommet des montagnes jusque dans les plaines.

La pluie et les torrents. — C'est ainsi que la pluie use peu à peu les roches tendres sur lesquelles elle tombe; son action est encore augmentée lorsque le froid de l'hiver détermine la congélation de l'eau au sein même des pierres poreuses.

Coulant sur les pentes, l'eau de pluie entraîne avec elle les débris de toutes sortes qu'elle rencontre sur son passage, débris animaux et végétaux, poussières qui proviennent de l'altération lente des roches, terre végétale.

Dans les pays de montagnes, ces eaux de pluie se rendent rapidement dans la partie la plus basse de la gorge, et là elles forment un *torrent*. Quand le torrent grossit,

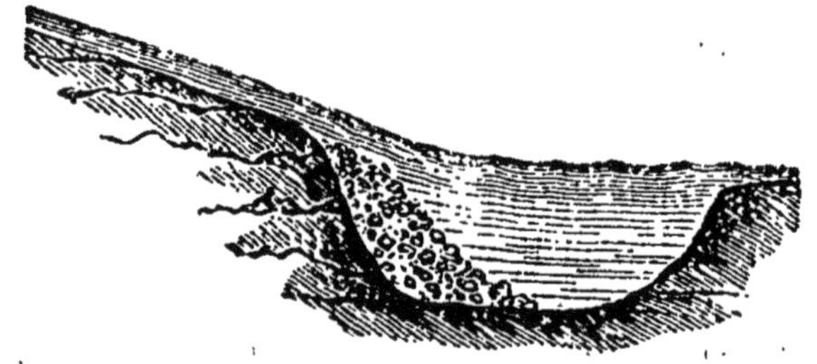

Les torrents amènent dans les lacs tous les débris arrachés à la montagne.

la terre délayée, le sable et les cailloux descendent avec le liquide; les flancs de la montagne sont ravinés et entraînés dans les plaines.

C'est ainsi que les eaux de pluie tendent à diminuer peu à peu les montagnes, à les sillonner profondément, de façon à entraîner dans la plaine toutes les roches qui

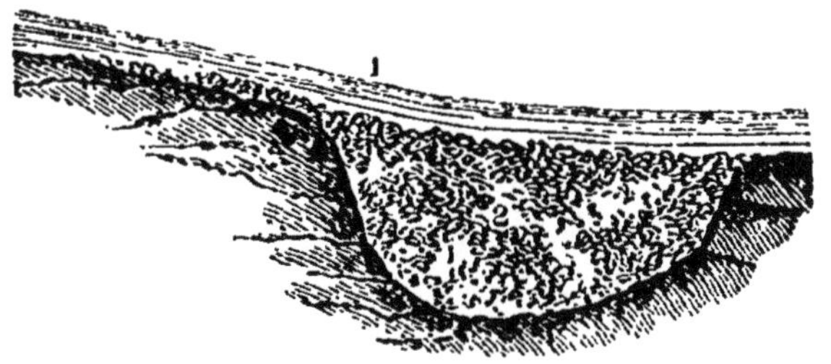

Les débris entraînés par les torrents finissent par combler les lacs.

n'ont pas une résistance suffisante. C'est ainsi que les gorges deviennent rapidement plus profondes et plus larges, et se transforment, à la longue, en vallées.

Les rivières et les mers. — Ce travail continuel des eaux se produit aussi dans les rivières et sur les bords de la mer.

Le fond et les rives des rivières sont, surtout en temps d'inondation, profondément ravinés.

De même, l'immense masse liquide de l'Océan, constamment agitée par les marées, soulevée par les tempêtes,

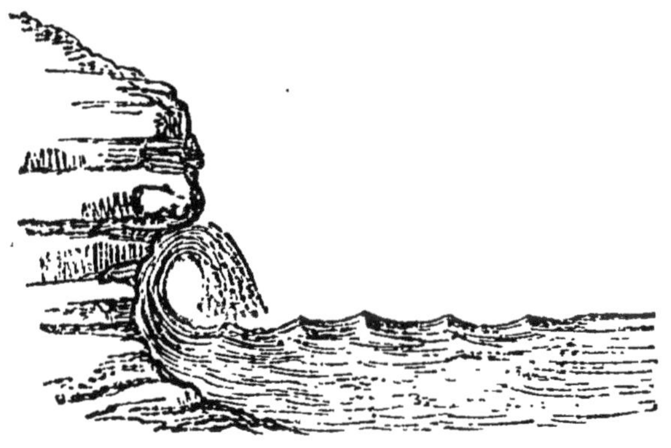

Les vagues rongent, à la longue, les rochers des côtes.

produit sur les côtes de puissants effets de destruction. Le choc des flots contre les rochers abrupts est quelquefois tel, que la terre tremble sous les pieds. Lentement, minés

L'action des vagues sur les côtes découpe capricieusement les falaises.

par la base, ces rochers s'écroulent avec fracas, et la mer, s'emparant de leurs débris, les roule, les broie et les transforme en *galets* arrondis, en sable fin.

Action dissolvante des eaux.— Nous avons vu aussi, dans le *Cours élémentaire*, que les eaux, même les plus limpides, renferment toujours diverses substances en dissolution. Ces substances sont principalement du *calcaire*, de la *pierre à plâtre* et du *sel marin ;* il vous est aisé de comprendre comment il peut en être ainsi.

La terre végétale retient une grande partie des eaux de pluie; mais, quand elle est complètement imprégnée, l'eau descend à travers les roches perméables. Le sable, les graviers, les calcaires fendillés, la laissent passer très facilement. Pendant cette descente, elle se purifie des corps étrangers qu'elle avait entraînés, et devient limpide : elle est *filtrée* par les roches qu'elle traverse. Mais, en même temps, elle dissout une partie de ces roches et bientôt elle contient en dissolution du *calcaire*, de la *pierre à plâtre*, du *sel marin* même, si elle a traversé des terrains qui en renferment.

Lorsque, plus tard, ces eaux souterraines ressortiront pour former les sources, ou seront puisées par les puits, elles renfermeront donc en dissolution ces diverses roches.

Dépôts formés par les substances en dissolution dans l'eau. — Arrivées à la surface du sol, les eaux laissent souvent déposer une partie des substances qu'elles tenaient en dissolution.

Les eaux qui déposent du *calcaire* sont les plus nombreuses. Il y en a beaucoup, notamment, dans le département du Puy-de-Dôme. Il suffit de placer un objet quelconque, comme un nid d'oiseau, dans l'une de ces sources pour le voir se recouvrir, au bout de quelques jours, d'une couche calcaire qui atteint rapidement une grande épaisseur. Les eaux calcaires sont appelées *eaux incrustantes,*

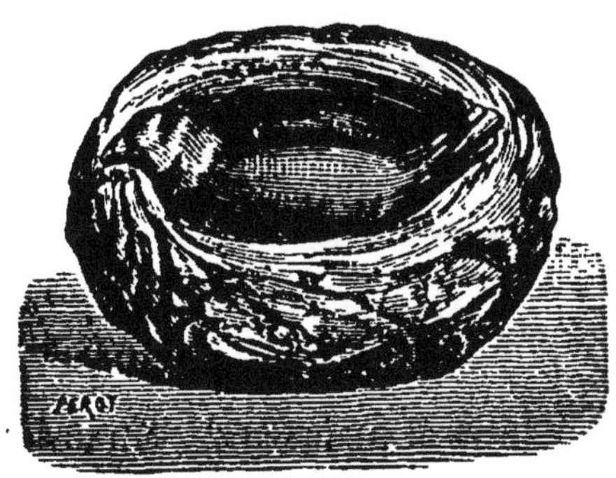

Les eaux incrustantes déposent une couche calcaire sur les objets qui y sont placés.

Quand des eaux calcaires souterraines suintent lentement à travers la voûte d'une *grotte*, chaque goutte abandonne à la voûte une parcelle de calcaire. Et, les gouttes se succédant sans interruption pendant des siècles, il se forme, à la longue, de puissantes aiguilles calcaires, qui s'allongent de plus en plus ; on les nomme *stalactites*. Au-dessous de chaque *stalactite*, s'élève du sol de la grotte une aiguille semblable, appelée *stalagmite*, et formée par les gouttes d'eau qui sont tombées de la pointe de la stalactite. Les deux aiguilles, grandissant toujours, s'avancent à la rencontre l'une de l'autre, jusqu'à ce qu'elles

se rejoignent enfin et constituent une colonne qui semble
soutenir la voûte.

Les eaux incrustantes forment dans les grottes des stalactites
et des stalagmites.

**Dépôts formés par les substances mécaniquement entraînées
par l'eau.** — D'un autre côté, les débris arrachés par le
courant aux rives des torrents et des rivières ne sont pas
entraînés indéfiniment. L'eau les dépose bientôt dans la
plaine : elle démolit d'un côté pour édifier de l'autre.

Le torrent, par exemple, abandonne les plus grosses
pierres vers la partie basse de la montagne. La Durance,
en plusieurs endroits de son cours, a comblé la vallée de
couches de cailloux roulés sur plus de deux kilomètres de
largeur.

Après avoir abandonné les cailloux, le torrent continue
sa course, chargé de petites pierres et de graviers; il arrive dans la plaine, s'étend parfois sur toute la contrée,
et y dépose des *alluvions* grossières, qui couvrent les terres
fertiles et les rendent à jamais improductives. Ces débris
des montagnes s'accumulent à droite et à gauche, de ma-

nière à former de véritables collines aux versants régu-
liers, s'appuyant sur les escarpements de la montagne.

Enfin, les fines poussières, les débris pulvérulents de
silice, de calcaire et d'argile, continuent seules leur route.
Il n'est pas besoin d'un courant bien fort pour les entraîner : aussi ne se déposent-elles, pour former le sable et la
vase, que lorsque le torrent, ayant définitivement quitté
la montagne, a pris les allures calmes et régulières d'un
ruisseau ou d'une rivière.

C'est ainsi que bien des torrents ont peu à peu comblé
entièrement les lacs dans lesquels ils versaient leurs eaux.

Les rivières agissent de même. Quand les pluies arrivent, et que la rivière se gonfle, ses eaux troublées tiennent en suspension mille débris divers amenés par les
torrents ou arrachés aux rives. Là où le cours devient plus
tranquille, tout cela se dépose, et donne naissance à ce

Extrait de l'Atlas des Bassins de la France par Mr Vuillemin.

Le Rhône dépose peu à peu à son embouchure des alluvions, qui forment son delta.

qu'on appelle des *alluvions*. Non seulement le fond du lit, mais encore les plaines basses inondées se recouvrent d'une couche de *limon* riche en calcaire pulvérulent, en argile et en débris organiques. Ce limon est généralement très fertile : les terrains connus sous le nom de *terrains d'alluvion*, déposés dans la suite des siècles par les eaux des rivières, comptent parmi ceux dont l'agriculture tire le meilleur parti. L'Égypte doit sa fertilité aux alluvions que lui apporte le Nil dans ses crues périodiques.

C'est ainsi, comprenez-le bien, que les fleuves et les torrents ne cessent de détruire ; mais ils détruisent pour reconstruire aussitôt ; ils rongent incessamment leurs rives et les bords de leurs îles pour en employer les débris à la formation de bancs de sable, d'îles nouvelles et de plaines fertiles. Ils renouvellent sans cesse la surface des continents : ils portent les alluvions des hautes montagnes, et avec elles les richesses, aux plaines et aux bords de l'Océan.

Les glaces du pôle et les glaces flottantes. — La glace agit aussi de son côté pour produire des effets analogues à ceux que nous venons d'examiner.

Les glaces flottantes portent au loin des débris arrachés au rivage.

Dans les régions glacées qui avoisinent les pôles, la terre est entièrement couverte d'immenses couches de neige qui se transforment peu à peu en glace. Par l'effet de leur poids énorme, ces amas de glace glissent lentement le long des côtes inclinées, entraînant avec elles des rochers et des débris de toutes sortes arrachés au sol. Arrivées sur les bords de la mer, les glaces se détachent en blocs immenses qui, comme des îles flottantes, sont entraînées par les courants marins. On a rencontré des *glaces flottantes* qui n'avaient pas moins de cent à cent cinquante kilomètres dans tous les sens et s'élevaient, comme d'immenses tours, à cent vingt mètres au-dessus de la surface des eaux.

Les neiges éternelles et les avalanches. — Les *neiges éternelles* qui couronnent constamment le sommet des montagnes élevées n'ont pas une moindre importance. Leur fonte progressive produit des torrents capables de raviner les flancs de la montagne.

L'avalanche entraîne et détruit tout ce qu'elle rencontre sur son passage.

Souvent aussi la masse de neige se détache tout à coup sous l'influence du vent ou d'un changement de température; elle glisse sur les flancs de la montagne avec une rapidité vertigineuse, entraînant dans sa chute un grand nombre de pierres et même d'immenses rochers.

Tout s'écroule sous le passage de l'*avalanche*; on entend des roulements semblables à ceux du tonnerre. Malheur aux pauvres gens qui se trouvent sur son passage! Les rochers arrachés du sol font masse avec cette énorme boule de neige. Des forêts, des villages sont écrasés; des torrents sont arrêtés et chassés de leur lit. C'est par centaines que l'on compte les victimes de l'avalanche.

Les glaciers. — Au sommet de la montagne, les rayons du soleil, qu'aucun nuage n'arrête, sont vifs. Ils traversent une atmosphère glacée pour venir fondre lentement

Le glacier coule comme une rivière, mais avec une extrême lenteur.

3.

la neige à sa surface. L'eau de la fonte pénètre dans les couches inférieures, descend un peu, puis se congèle de nouveau, soudant ensemble les cristaux de neige. C'est ainsi que peu à peu la neige se transforme en de grands amas de glace, constituant ce qu'on nomme le *glacier*.

On trouve beaucoup de glaciers dans les Alpes et dans les Pyrénées.

Le glacier, large de plusieurs centaines de mètres, long de plusieurs kilomètres, profond de plusieurs dizaines de mètres, masse énorme placée sur un terrain en pente, descend peu à peu, avec une extrême lenteur.

Il descend, mais sans allonger jamais : sa base, en effet, qui se trouve presque dans la plaine, là où il fait chaud, fond à mesure qu'elle s'abaisse, alimentant les rivières et les fleuves. Et pendant que l'immense masse se ronge peu à peu par le bas, elle se renouvelle à la partie supérieure par suite de la chute des neiges ; et ainsi le glacier, toujours renouvelé et toujours en mouvement, semble toujours le même et toujours immobile, comme la montagne qu'il recouvre.

Beaucoup de fleuves importants prennent leur source à la base d'un glacier : le Rhône et le Rhin sont de ce nombre.

Transport des roches par les glaciers. — L'action des glaciers sur les roches est analogue à celle des torrents.

La surface mouvante des glaces reçoit, sur chacune de ses rives, les débris qui sont détachés des escarpements,

Le glacier transporte dans la plaine les pierres arrachées sur les flancs de la montagne.

par le dégel, les pluies, les vents et surtout les avalanches. Aussi voit-on les bords du glacier recouverts de blocs de toutes dimensions qui s'alignent de chaque côté du lit de glace et qui participent au mouvement du fleuve congelé. Ils se trouvent ainsi portés jusqu'à la base de la montagne, formant de formidables entassements.

Résumé général de l'action de l'eau. — Vous voyez qu'en somme l'eau est l'agent le plus énergique des changements qui se sont autrefois produits et qui se produisent encore sous nos yeux à la surface de la terre. Tombant sur le sol à l'état de pluie ou de neige, elle descend le long des pentes ou pénètre dans les couches profondes. Après une course plus ou moins longue, elle revient à l'Océan, d'où elle était partie en vapeur. Pendant ce trajet, elle mine lentement ou dissout les roches des hautes régions, les entraîne dans son mouvement et les dépose en couches généralement horizontales dans les plaines basses du continent ou dans les profondeurs de la mer.

Si rien ne venait compenser l'action de l'eau, elle finirait, après un nombre suffisant de siècles, par faire disparaître les continents dans les immenses abîmes de la mer.

Observation. — Dans les promenades scolaires, le maître saisira toutes les occasions qui s'offriront à lui pour montrer aux enfants l'action de l'eau sur les roches, dans les ravins, sur les rives des rivières et des ruisseaux, sur les flancs des escarpements. Ces effets seront plus particulièrement sensibles après les orages et les inondations.

Il montrera aussi les divers dépôts formés par les eaux.

Devoirs écrits. — Les observations faites dans les promenades fourniront plusieurs sujets de devoirs écrits, tels que les suivants : Citer les points de la commune sur lesquels on peut observer l'action des eaux; en quoi consiste cette action. — Citer des exemples de l'action destructive des eaux; indiquer quels dépôts sont formés par les eaux. — Qu'est-ce que c'est qu'une fontaine incrustante? Comment agissent les eaux incrustantes?

IV. — LES TERRAINS DE SÉDIMENT
ET LES FOSSILES.

Caractères des terrains actuellement formés par les eaux.
— D'après ce qui précède, vous voyez que les eaux accumulent, à la base des montagnes et des collines, et plus encore dans les plaines basses, des cailloux, du sable, de la vase, constituant ce qu'on nomme des *terrains*.

Les différents terrains que l'action des eaux forme actuellement sous nos yeux présentent, quelle que soit la roche qui les constitue, un certain nombre de caractères communs.

1° *Ils sont tous disposés en couches sensiblement parallèles, superposées les unes sur les autres :* on dit qu'ils sont *stratifiés.* Sur les vallées qui bordent les rivières, sur les rivages de la mer, au fond des fleuves, des lacs et de l'Océan, les eaux déposent incessamment des couches horizontales de sable, de cailloux roulés, d'argile et de calcaire pulvérulent.

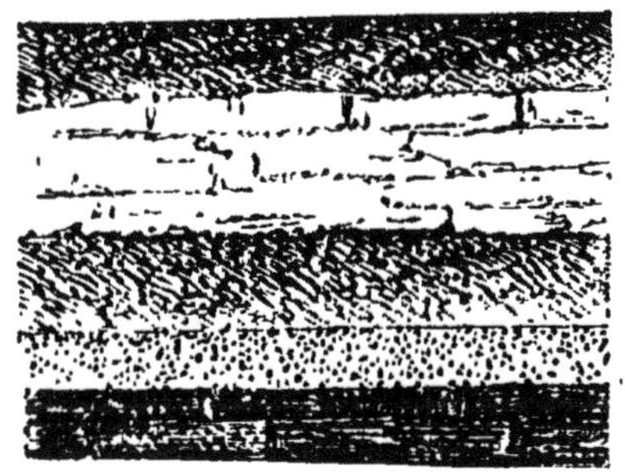

Les terrains formés par l'action des eaux présentent des couches parallèles superposées.

2° *Ces couches renferment des débris d'animaux et de végétaux dont les parties solides les plus incorruptibles se conservent pendant longtemps.*

C'est d'une manière tout à fait exceptionnelle que les débris organiques peuvent se conserver dans le sol. A peine morts, les animaux et les végétaux se décomposent par l'action de l'air et de l'humidité, ou bien ils sont attaqués par les êtres qui se nourrissent de leurs débris, et ils disparaissent bientôt complètement. Les plus gros

troncs d'arbres, les os les plus résistants des animaux supérieurs, se détruisent à la longue, se transforment, et
leur substance sert à former de nouvelles plantes et de
nouveaux animaux.

Mais lorsque les débris sont pris par les eaux avant leur
décomposition, recouverts soudain d'une couche *incrustante* de calcaire, ou ensevelis au sein d'un dépôt de sable
ou d'argile, ils se trouvent préservés de la dent des bêtes
et de l'action des éléments, et ils deviennent aussi incorruptibles que la pierre. Nous ne serons donc pas étonnés
de rencontrer, dans la vase des lacs et dans les alluvions
des vallées, des traces nombreuses des animaux et des
plantes qui ont été entraînés et déposés par les eaux courantes. Au fond des mers, les débris des êtres marins sont
plus nombreux encore; car ceux-ci sont le plus souvent
ensevelis immédiatement après leur mort, ou même de
leur vivant, dans les sables ou les vases qu'apportent les
flots.

Caractères des terrains de sédiment. — Regardez maintenant autour de vous. Examinez les bords de cette profonde tranchée que traverse la grande route ou le chemin
de fer, entrez dans cette carrière de pierres, descendez
dans ce puits de mine qui s'enfonce verticalement dans la
terre, considérez ces escarpements abrupts qui ont été

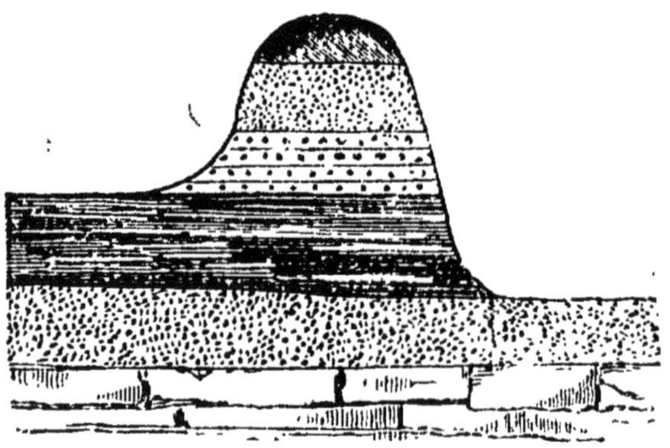

Souvent les couches parallèles des terrains de sédiment sont horizontales.

formés par l'action des eaux, partout vous verrez des couches parallèles, superposées les unes sur les autres, comme celles que les eaux forment encore de nos jours. Partout on trouve, sous les couches d'alluvion superficielles, d'autres couches qui descendent; d'assises en assises, jusque dans les profondeurs de la terre. Au sein de ces couches on trouve, comme au sein des alluvions fluviales, des débris d'animaux et de végétaux : des dents, des os, des écailles d'animaux, des feuilles, des tiges, des fruits, des racines d'arbres.

L'écorce solide de la terre est donc constituée, en grande partie, par des terrains analogues à ceux que forment actuellement les eaux, par des terrains qui sont composés des mêmes roches que ceux-ci, qui, comme eux, se présentent en couches parallèles, et qui, comme eux aussi, renferment de nombreux débris de bêtes et de plantes. Ces *terrains stratifiés*, qu'on rencontre au-dessous de la terre végétale, au-dessous des *alluvions modernes*, sont appelés *terrains de sédiment*.

Origine des terrains de sédiment. — Quand on voit la similitude absolue qui existe entre les terrains de sédiment et les terrains actuellement formés par les eaux, on peut affirmer que les uns et les autres ont eu la même origine. Certainement, les terrains de sédiment sont d'anciens dépôts des lacs, des rivières et de la mer. Ils s'étendent en couches horizontales aussi vastes que les bassins dans lesquels ils se sont produits.

Il vous semble impossible que les terrains de sédiment qu'on rencontre sur les plateaux élevés, au sommet des collines, à une grande hauteur au-dessus de la surface des eaux, loin de l'Océan et de toute rivière, aient pu être déposés par les eaux. Mais songez que la surface du sol n'a pas toujours été ce qu'elle est aujourd'hui. Les forces très énergiques qui résident dans les profondeurs de la terre, et dont nous parlerons dans le chapitre suivant, ont changé bien souvent depuis l'origine du monde et changent encore de nos jours le relief des continents.

· La France, par exemple, a été entièrement ensevelie sous les eaux de l'Océan pendant un grand nombre de siècles, et la position des couches de sédiment à la surface de notre pays nous révèle justement comment notre sol s'est modifié pendant la suite des temps. Le sol des continents, presque toute la surface aujourd'hui *émergée*, a jadis séjourné sous les eaux.

Disposition des terrains de sédiment. — Les terrains de sédiment ne diffèrent des *alluvions modernes* que par un point : tandis que les couches de celles-ci sont toujours sensiblement horizontales, les assises de celles-là sont souvent relevées, contournées, rompues, ou même dressées verticalement. Ces différences de disposition sont dues aux

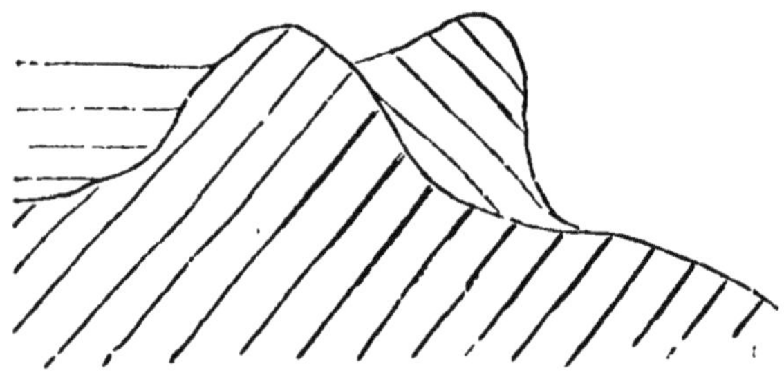

Souvent aussi ces couches ne sont pas horizontales.

bouleversements qui se sont produits à la surface de la terre depuis la formation des couches. Là où ces assises n'ont pas été troublées depuis leur origine, elles s'étendent en couches parallèles et presque horizontales, comme le fond de la mer qui les déposa. Mais souvent le *sédiment* a subi, depuis son dépôt, une dislocation due aux forces intérieures qui ont fait émerger les terres et qui ont creusé des mers là où auparavant se dressaient des continents. De là les directions si diverses, et les formes si variées que présentent les sédiments qu'on rencontre dans les pays de montagnes.

Fossiles. — Dans les terrains de sédiment, comme dans les dépôts actuels des eaux, on trouve des débris animaux et végétaux. Ces débris, conservés depuis des milliers de siècles dans la roche qui les entoure, portent le nom de *fossiles*. Il est fort rare que ces fossiles soient complets : les matières les moins altérables sont le plus souvent les seules conservées; mais ces fragments suffisent presque toujours à faire connaître l'animal ou le végétal auxquels ils ont appartenu.

Les organes conservés dans les roches sont souvent profondément altérés dans leur substance; la forme seule est conservée. Ainsi, le bois est transformé en houille; il arrive même que sa substance se trouve entièrement remplacée par une substance toute différente, par du *silex*, sans que pour cela l'apparence du tronc ait été changée. Les fossiles dont la substance a été remplacée par une autre, sans changement de forme, sont dits *pétrifiés*.

Il arrive aussi fréquemment que le corps organisé disparaît en ne laissant que son *empreinte* dans la roche.

Utilité des fossiles. — Les animaux et les plantes ont considérablement varié depuis que la vie s'est développée à la surface de la terre. Les plantes ont précédé les animaux : une végétation luxuriante, dans laquelle les plantes les plus simples, dépourvues de fleurs, comme les *fougères* et les *prêles*, a d'abord couvert la terre. Puis les animaux, et d'abord les animaux les moins élevés, *crustacés, mollusques*, sont arrivés. A ces premières espèces sont ensuite venues s'en joindre d'autres; et les plantes à fleurs, les animaux supérieurs, *poissons, reptiles, oiseaux, mammifères*, ont bientôt peuplé le globe.

Tous ces végétaux, tous ces animaux, étaient différents de ceux qui vivent de nos jours : à mesure que certaines espèces disparaissaient, d'autres venaient prendre leur place. Ces changements, qui se sont produits d'une manière continue dans la forme des êtres, permettent aujourd'hui aux savants de reconnaître l'âge relatif des couches dans lesquelles on trouve les fossiles.

Les fossiles nous apprennent aussi les circonstances dans lesquelles se sont formées les couches qui les contiennent: une couche qui renferme des fossiles ayant vécu sur la terre ou dans les eaux douces a été évidemment formée par un lac ou par un fleuve, c'est un *dépôt d'eau douce;* une couche qui renferme des fossiles marins est un *dépôt marin.*

Énumération de quelques fossiles. — Vous ne pouvez songer à apprendre les noms de tous les fossiles que l'on rencontre dans les terrains de sédiment. Je veux seulement vous en citer quelques-uns, pris parmi les plus importants ou les plus curieux.

1° *Plantes.* — Les plantes les plus nombreuses des premiers âges du monde étaient les *fougères.* Elles étaient bien plus grandes que nos fougères actuelles: leur taille était égale à celle de nos palmiers.

Des plantes analogues à nos *prêles* étaient de véritables arbres de plus de dix mètres de hauteur.

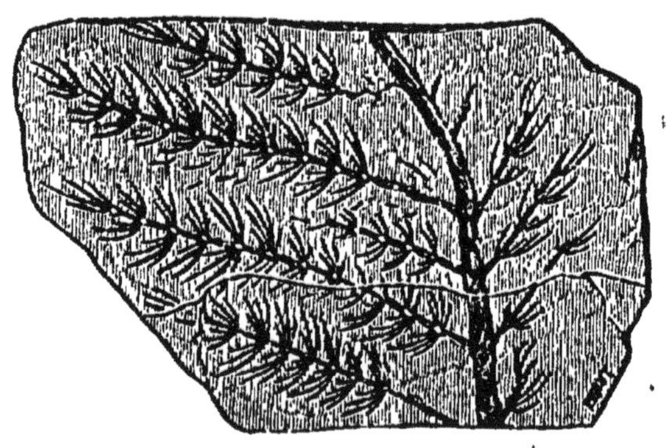

Rameau d'une plante fossile analogue à nos prêles.

On trouve aussi, dans les couches moins profondes, des fossiles qui ressemblent à nos sapins et à nos palmiers.

C'est surtout dans la *houille* que se trouvent les plus nombreux végétaux fossiles. Des empreintes de feuilles se rencontrent encore dans les dépôts calcaires.

2° Animaux. — Les *trilobites* sont presque les plus anciens animaux dont nous trouvions encore des restes fossiles. C'étaient des *crustacés*, c'est-à-dire des animaux ayant quelque analogie avec nos écrevisses.

Les *ammonites,* venues plus tard, sont des coquilles enroulées en spirale régulière. On a rencontré des ammonites fossiles grosses comme des lentilles et d'autres ayant plus de deux mètres de diamètre.

Les *bélemnites* étaient analogues à nos *seiches* actuelles. C'étaient des animaux mous qui possédaient à l'intérieur du corps une pointe calcaire, sorte de co-

Trilobite fossile.

Ammonite fossile.

Pointe de bélemnite.

quille interne. C'est cette pointe seule qui nous est conservée à l'état fossile.

L'*ostrea* ressemblait un peu à notre huître.

Les *cérithes* étaient des coquilles en forme de cônes très allongés.

Les *lymnées*, les *planorbes*, sont encore des coquilles qu'on rencontre souvent dans les terrains de sédiment.

Il ne faudrait pas conclure de cette rapide énumération qu'il n'y ait eu, aux époques anciennes, que des animaux à coquille. Il y en avait bien d'autres : mais leurs corps, ne présentant pas de parties assez consistantes, n'ont pu se conserver. Les terrains an-

Cérithe.   Lymnée.

ciens renferment aussi beaucoup de *squelettes* fossiles d'animaux supérieurs plus ou moins analogues à ceux qui vivent encore. Mais comme les os se conservent moins aisément que les coquilles, que d'un autre côté les *animaux terrestres* se conservent bien moins souvent que les *animaux marins*, ces squelettes sont beaucoup plus rares que les coquilles précédentes.

On a trouvé cependant des empreintes de poissons, des squelettes de reptiles, d'oiseaux, de mammifères. Un rep-

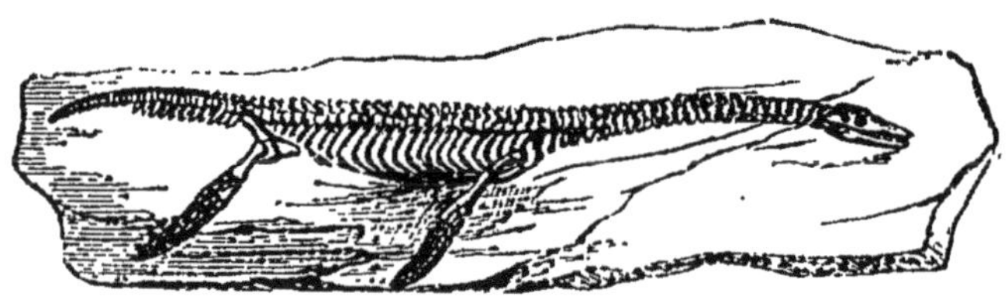

Squelette de plésiosaure.

tile marin, le *plésiosaure*, avait plus de huit mètres de longueur; un mammifère analogue à l'éléphant, le *mammouth*, était plus gros que nos plus gros éléphants. Un

Squelette de mammouth.

mammouth, conservé depuis des centaines de siècles au milieu des glaces de la Lena, a été trouvé entier en 1799. Il était si bien conservé, que des chiens, et même des hommes, ont pu se nourrir de sa chair.

Dépôts d'eau douce. — Voyons, pour terminer, quelques exemples de roches renfermant des fossiles.

Quand un terrain renferme des fossiles d'animaux et de végétaux terrestres, c'est que ce terrain a été formé loin de la mer, par un dépôt d'eau douce.

Les *calcaires d'Auvergne*, les *calcaires de l'Orléanais*, renferment des *lymnées* et des *planorbes*, qui sont des coquilles d'eau douce ; ces calcaires ont donc été déposés par des eaux douces.

Dépôts marins. — Les dépôts marins sont plus nombreux. Je prendrai pour exemple les dépôts calcaires, qui sont si répandus partout.

Le *calcaire grossier* des environs de Paris renferme une grande quantité de *cérithes*, qui sont des coquilles marines : c'est un dépôt marin.

La *craie* ne renferme aussi que des fossiles marins, *bélemnites, ammonites, ostrea*, et aucune trace de végétaux ni d'animaux terrestres. La craie présente, de plus, une particularité bien remarquable : si on la pulvérise et qu'on regarde sa poussière au microscope, on voit qu'elle est uniquement formée par des coquilles tellement petites, qu'on ne peut les distinguer à l'œil nu ; un fragment de craie de la grosseur d'une tête d'épingle renferme plus d'un million de ces coquilles microscopiques. Ainsi, des animaux infiniment petits ont vécu anciennement dans l'Océan, en assez grand nombre pour que leurs débris accumulés et collés les uns aux autres aient pu former les immenses bancs calcaires que nous exploitons maintenant.

Et nous ne pouvons douter de ce fait étonnant ; car, de nos jours encore, des animaux microscopiques forment au fond des mers des dépôts analogues à ceux-là.

Beaucoup d'autres calcaires, plus durs que la craie, sont presque entièrement formés de coquilles microscopiques agglomérées, entourant des fossiles de plus grande taille en quantité souvent considérable.

Devoirs écrits. — Dire ce qu'on nomme terrains de sédiment, et comment ces terrains se sont formés. — Citer et décrire quelques fossiles animaux ou végétaux. — Décrire les fossiles qu'on a trouvés dans les promenades scolaires, et indiquer dans quels terrains ils ont été trouvés.

V. — LES TERRAINS IGNÉS,
LES TREMBLEMENTS DE TERRE ET LES VOLCANS.

Mouvements lents du sol. — Les changements qui se produisent à la surface de la terre ne sont pas tous dus à l'action des eaux. En un grand nombre de régions, le sol a un mouvement lent, rendu sensible seulement par une longue série d'observations : ainsi, les côtes du nord de l'Europe subissent depuis plusieurs siècles un exhaussement de plus d'un centimètre par année.

Tremblements de terre. — A ces mouvements lents viennent quelquefois s'ajouter des oscillations brusques nommées *tremblements de terre*. Ces derniers phénomènes, heureusement assez rares, bouleversent quelquefois des pays entiers (comme tout récemment l'île de Chio, dans l'Archipel), détruisant tous les travaux des hommes et donnant la mort à des milliers de malheureux.

L'apparition des tremblements de terre est presque toujours précédée par des bruits sourds, des roulements souterrains, qui fréquemment se font entendre longtemps à l'avance. Des trépidations plus ou moins violentes se font ensuite sentir pendant quelques secondes, ou quelques minutes seulement, et souvent se succèdent un certain

Tremblement de terre.

nombre de fois avec plus ou moins de rapidité et plus ou moins de force.

Effets des tremblements de terre. — Les effets des tremblements de terre sont quelquefois terribles. Lorsqu'ils sont violents, ils renversent des villes entières avec les édifices les plus solidement établis.

Ainsi, en **1783**, la Calabre entière fut dévastée. Le cours des rivières fut interrompu et changé ; des maisons furent soulevées au-dessus du niveau de la contrée, tandis que d'autres s'enfoncèrent plus ou moins. Le sol s'entr'ouvrit de toutes parts, souvent en longues crevasses, dont quelques-unes avaient jusqu'à 150 mètres de large.

De ces crevasses, les unes, ouvertes au moment de la secousse, se refermaient subitement, en broyant entre leurs parois les habitations qu'elles venaient d'engloutir ; d'autres restaient béantes après la commotion. Ailleurs, des étendues plus ou moins considérables de terrain s'enfoncèrent tout à coup, entraînant plantations et habitations, et laissant des gouffres de 100 mètres de profondeur.

Ce sont les tremblements de terre qui renversent et disloquent les *couches stratifiées* déposées par les eaux, et leur font perdre la position horizontale dans laquelle elles se sont toutes formées.

Les mouvements lents du sol et les tremblements de terre contribuent, au moins autant que l'action des eaux, à changer le relief du sol : ils ont produit les chaînes de montagnes, et transporté au sommet des plateaux les *sédiments* qui s'étaient autrefois déposés dans les plaines.

Chaleur centrale. — On n'a jamais pénétré bien profondément dans les entrailles de la terre, mais on a de bonnes raisons de croire que, sous une couche de 30 à 40 kilomètres d'épaisseur, il y a d'immenses cavités de roches en fusion, à une température très élevée. On admet que les mouvements de cet océan souterrain, plus chaud que du fer fondu, causent les mouvements du sol et les tremblements de terre.

Ils sont aussi la cause première des volcans.

Formation d'un volcan. — De l'année 1536 à l'année 1538, la contrée située entre Naples et Pouzzoles, en Italie, fut agitée par de nombreux tremblements de terre ; puis, le 29 septembre 1538, on entendit tout à coup un bruit épouvantable ; une ouverture se fit dans le sol, et il en sortit des gaz, de la vapeur d'eau, des pierres, des poussières incandescentes, puis une matière fondue qui coula en grande quantité dans les campagnes voisines. Toutes ces substances vomies par l'ouverture béante étaient en telle abondance, qu'elles formèrent, en quelques semaines, une petite montagne de plus de 120 mètres de hauteur.

On venait d'assister à la naissance d'un *volcan* et à la formation d'une montagne, à laquelle on donna le nom de *Monte-Nuovo.* Depuis longtemps le volcan a disparu : il est *éteint;* mais son œuvre, le *Monte-Nuovo*, est toujours là.

Le Monte-Nuovo.

Volcans actuels. — D'après la description précédente, vous voyez qu'un volcan est une ouverture plus ou moins considérable du sol, par laquelle sortent des gaz et des solides venant des régions profondes et chaudes du globe. Le canal qui fait communiquer le feu central avec l'atmosphère est la *cheminée volcanique,* l'orifice supérieur de ce canal, la bouche du volcan, se nomme le *cratère.*

Le cratère s'ouvre toujours au sommet ou sur les flancs d'une montagne plus ou moins élevée, formée, comme le *Monte-Nuovo,* des matières vomies par le volcan lui-même.

Les volcans actuellement en *activité* à la surface du globe sont nombreux : il y en a plusieurs centaines ; vous connaissez certainement le nom des deux plus importants de l'Europe, le *Vésuve,* près de Naples, et l'*Etna,* en Sicile.

L'activité des volcans n'est pas constamment la même.

Le Vésuve, par exemple, paraît quelquefois *éteint*. On peut descendre sans danger dans le *cratère;* c'est à peine si

Le Vésuve en éruption.

l'on remarque que le sol est chaud, et si l'on aperçoit des vapeurs peu abondantes se dégageant à travers quelques crevasses : c'est *la période de repos.*

Mais cette période ne dure pas longtemps. Presque chaque année on voit les vapeurs qui s'élèvent au-dessus de la montagne devenir plus abondantes; de la poussière et même des pierres sont lancées à une certaine hauteur; et si l'on s'aventure à ce moment jusqu'au bord du cratère, on aperçoit une masse en fusion, d'un rouge vif, qui bouillonne au fond du gouffre.

Quelquefois, enfin, cette activité devient encore plus grande : le volcan est en *éruption.*

4.

Éruption d'un volcan. — Quelque temps avant une éruption, on entend partir de la montagne des grondements souterrains ; des tremblements de terre ébranlent le sol ; la masse fondue qui remplit le cratère s'élève de plus en plus et finit par déborder par l'ouverture, à moins qu'elle ne s'ouvre un passage à travers les flancs mêmes de la montagne. Alors, au milieu des vapeurs embrasées, le volcan vomit d'énormes blocs de pierre, des nuées de cendres, pendant que des flots d'un liquide incandescent coulent sur les deux versants de la montagne. Un fracas semblable à celui de la foudre accompagne les projections de pierres, se succédant presque sans interruption.

Après quelques jours, ou quelques semaines, l'éruption se calme peu à peu, et le volcan rentre, pour quelque temps, dans la période d'activité modérée ou de repos.

Déjections volcaniques. — Examinons quelles sont les substances rejetées par un volcan en éruption.

La plus importante est la *lave*, c'est-à-dire la matière fondue qui coule du cratère sur les flancs de la montagne. Elle est d'abord à une température assez élevée pour être d'un rouge vif : la *coulée* ressemble à un fleuve de feu. A mesure qu'elle descend, elle se refroidit ; mais sa masse est quelquefois si considérable qu'il faut plusieurs années avant que le refroidissement soit complet jusqu'au centre.

Dans certaines de ses éruptions, l'Etna a produit des coulées de 20 kilomètres de longueur, qui, sur plus de 100 kilomètres carrés, ont recouvert des espaces jadis parfaitement cultivés, et détruit des villes et des villages nombreux.

Les laves vomies par les différents volcans sont souvent très différentes les unes des autres par leur aspect. La pierre qui les constitue le plus souvent est assez analogue au *porphyre*; on la nomme *trachyte :* c'est une roche rude au toucher, dans laquelle sont enchâssés un grand nombre de petits cristaux. De plus, la lave est généralement poreuse, c'est-à-dire remplie de petites cavités, comme celles qu'on remarque dans le pain : ces cavités ont été formées par les vapeurs qui étaient emprisonnées dans la lave au moment de son refroidissement.

Les pierres, grosses quelquefois comme des maisons, que le volcan lance par le cratère, ressemblent beaucoup à la lave. Elles sont encore plus poreuses ; la *pierre ponce* est la plus poreuse de ces déjections volcaniques.

Enfin, en même temps que des gaz suffocants et beaucoup de vapeur d'eau, il sort du cratère de la *poussière* et des *cendres* abondantes, arrachées aux parois mêmes du volcan. Ces cendres forment au-dessus de la montagne des nuages immenses, qui interceptent la lumière du soleil et retombent lentement sur les campagnes voisines, en causant de terribles désastres.

En l'an 79, le Vésuve ensevelit sous une pluie de cendres les trois villes de Pompéi, de Stabies et d'Herculanum, avec un grand nombre de leurs habitants.

Cône volcanique. — Le cratère d'un volcan est toujours situé sur une montagne, comme nous l'avons dit, et cette montagne est l'œuvre même du volcan. Toutes les matières solides qui sortent du cratère s'accumulent, en effet, autour de l'ouverture et finissent par former la montagne. Aussi, à chaque éruption, s'élève-t-elle un peu plus,

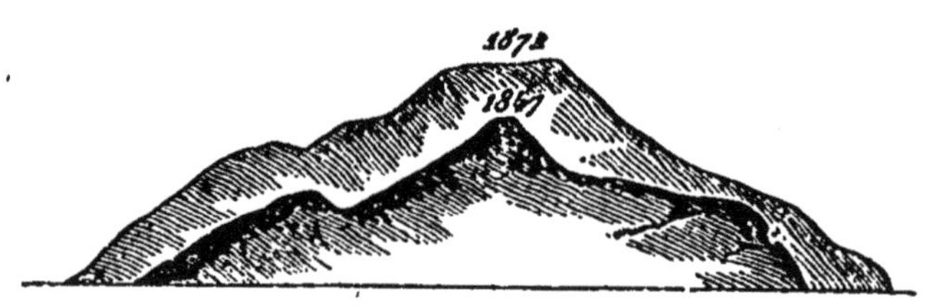

Le sommet du cône du Vésuve en 1847 et en 1872.

à moins que, dans ses convulsions violentes, le volcan ne pulvérise une partie de son cône et ne la lance dans l'espace sous forme de cendres, qui retombent au loin.

Toutes les montagnes volcaniques sont formées de couches successives de *laves*, de *pierres* et de *cendres* superposées les unes au-dessus des autres d'une manière irrégulière.

L'Etna, qui élève sa masse énorme jusqu'à la région des neiges éternelles, est formé de laves et de cendres lancées au dehors dans les éruptions successives.

Les anciens volcans. — Je vous ai dit que beaucoup de volcans sont actuellement en activité à la surface du globe ; mais ces volcans actifs ne sont pas les plus nombreux. Il y en a, par milliers, qui sont *éteints*, c'est-à-dire

Un volcan éteint.

qui ne lancent plus ni lave, ni poussière, ni vapeurs, et auxquels il ne reste même aucune trace de leur chaleur passée.

On reconnaît qu'une montagne est un ancien volcan à tous les caractères que présentent les volcans actuels : le sommet de la montagne est creusé plus ou moins profondément en *entonnoir*, comme un cratère ; les roches qu'on extrait de ses flancs sont des déjections volcaniques.

On rencontre beaucoup d'anciens volcans dans le centre de la France. L'Auvergne, le Velay, le Vivarais, une grande partie des Cévennes, le Languedoc, la Provence, présentent dans leur sous-sol des masses énormes de produits volcaniques.

Terrains volcaniques. — Les cônes volcaniques ne sont pas les seules productions des volcans. Lors des éruptions violentes, la poussière tombe au loin et recouvre le sol de couches épaisses de plusieurs mètres ; les coulées de lave gagnent la plaine : ainsi se forment des terrains tout différents des terrains de sédiment déposés par les eaux.

Ces *terrains volcaniques* ne sont jamais *stratifiés*, c'est-à-dire qu'on n'y remarque jamais les *feuillets successifs* qui caractérisent les terrains déposés par les eaux. Ils sont toujours en cônes, en coulées, en nappes superposées ; ces *nappes superposées* ne peuvent pas être confondues avec des *couches de sédiment*, car elles n'ont aucune régularité dans l'épaisseur.

Quelquefois les roches volcaniques traversent brusquement des couches stratifiées, à travers lesquelles la matière en fusion s'était infiltrée : on appelle cela des *filons*.

Les roches volcaniques renferment presque toujours de petits cristaux, et *jamais de fossiles*. Vous pensez bien qu'en effet aucun animal n'a pu vivre, ni aucun débris organique se conserver dans la lave fondue d'un volcan.

Terrains ignés. — Un grand nombre de terrains qu'on rencontre sous les terrains stratifiés, ou au-dessus d'eux, ou à l'état de *filons* traversant les couches sédimentaires, ressemblent beaucoup aux terrains volcaniques. Pas plus qu'eux, ils ne renferment de *fossiles* ; ils ne sont pas *stratifiés*, et on y rencontre des cristaux plus ou moins volumineux.

Ces terrains ressemblent trop à ceux que forment actuellement les volcans, ou à ceux qu'ont produits les volcans aujourd'hui éteints, pour n'avoir pas une origine analogue. Ils sont sortis du sein de la terre à l'état de fusion, à une époque très reculée, et c'est par refroidissement qu'ils ont pris leur forme actuelle. Ces terrains ont, pour cette raison, reçu le nom de *terrains ignés*.

Les *terrains ignés* constituent la plus grande partie de l'écorce terrestre et forment la base sur laquelle s'appuient

Terrain igné ayant soulevé des roches de sédiment.

tous les *terrains sédimentaires*. Le *granit*, et une roche du même genre, le *porphyre*, forment les terrains ignés les plus importants ; puis viennent les *basaltes* et les *trachytes*, produits par les volcans anciens ou actuels.

Vous voyez qu'en somme l'écorce terrestre est formée : 1° de *terrains ignés*, remarquables par les cristaux, l'absence de fossiles, le défaut de stratification : ils ont été produits par le refroidissement de masses autrefois à l'état de fusion ; 2° de *terrains de sédiment*, renfermant des fossiles, et stratifiés en couches parallèles : ils ont été déposés par les eaux.

Observation. — Pour que l'étude des minéraux soit profitable aux élèves, il est indispensable que le maître puisse mettre entre leurs mains de nombreux échantillons de toutes les roches dont il leur parle. Les enfants constateront par eux-mêmes les caractères distinctifs de chacune de ces roches : ils devront ensuite les rechercher et les reconnaître dans les promenades scolaires.

L'étude des roches sera suivie de celle des terrains, dont on leur montrera, sur place, les diverses dispositions. On insistera principalement sur les effets produits à chaque instant par les eaux de pluie et les eaux courantes : ravinements, transports et dépôts.

Enfin, on visitera les mines et les carrières du voisinage,

on indiquera aux enfants les usages de la roche extraite, et on leur expliquera les procédés employés pour l'extraction.

Devoirs écrits. — Décrire un tremblement de terre; indiquer les causes et les effets de ces convulsions du sol. — Raconter une éruption volcanique; énumérer les roches qui sortent du cratère d'un volcan. — Qu'est-ce qu'un terrain igné; en quoi les terrains ignés sont-ils différents des terrains de sédiment? — Énumérer les diverses sortes de terrains qui constituent l'écorce terrestre; indiquer le mode de formation et les caractères distinctifs de ces divers terrains.

NOTIONS DE PHYSIQUE.

I. — LE POIDS DES CORPS.

Tous les corps sont pesants. — Quand on abandonne un corps à lui-même, il tombe. Pour l'empêcher de tomber, il faut soit le poser sur une table, soit l'attacher par un cordon, ou simplement le tenir à la main. L'effort que l'on est alors obligé de faire pour soutenir le corps mesure ce qu'on appelle son *poids*. Le *poids* d'un corps est donc *la force avec laquelle il presse sur les obstacles qui s'opposent à sa chute.*

Le poids d'un corps est l'effort que l'on doit faire pour le soutenir.

Le poids varie avec la nature du corps; pour un corps déterminé, le poids est d'autant plus considérable que le volume est plus grand. Un morceau de fer est plus lourd qu'un morceau de bois de la même grosseur, et le morceau de bois est lui-même plus lourd qu'un morceau de liège qui aurait les mêmes dimensions. On exprime ce fait en disant que le fer a une *densité* plus grande que celle du bois, et le bois une *densité* plus grande que celle du liège.

Comparaison des poids des corps. — Puisque le poids est une quantité variable, il peut être utile, dans bien des cas, de le mesurer. Pour y arriver, on compare les poids des différents corps à celui d'un autre, pris comme point de comparaison. Nous savons que l'unité choisie est le poids d'un centimètre cube d'eau pure : on la nomme *gramme*. Le gramme, ses différents multiples et sous-multiples sont, dans la pratique, exécutés en laiton ou en fonte, et portent le nom de *poids marqués*, ou simplement *poids*.

Quand vous avez étudié le système métrique, on vous a donné la description exacte de ces poids. Vous les avez vus et touchés.

La comparaison du poids des corps avec les poids marqués se fait au moyen d'un instrument nommé *balance*. Il importe de bien connaître l'usage de la balance, qui est partout et à chaque instant employée.

Balance ordinaire. — La *balance ordinaire*, que je mets ici sous vos yeux, se compose d'une tige métallique, AB, nommée *levier de la balance*, ou *fléau de la balance*. Elle

Balance ordinaire. — AB, Fléau ; *m*, Couteau ; C et D, Plateaux.

est traversée en son milieu par une barrette d'acier, *m*, nommée *couteau*. L'arête du couteau repose sur un plan d'acier poli, porté par le pied de l'appareil, de sorte que le fléau peut osciller autour de cette arête. Quand le fléau, après ses oscillations, s'arrête dans une position bien horizontale, on dit qu'il est en *équilibre :* on reconnaît l'équilibre à la position d'une longue aiguille portée par le fléau.

Les deux moitiés du fléau, *m*A et *m*B, s'appellent les *bras de levier* de la balance ; aux deux extrémités de ces bras sont suspendus les *plateaux*, dans lesquels seront placés les objets à peser.

Voyons comment on va se servir de la balance.

Supposons que nous voulions peser un morceau de sucre. Nous le plaçons dans l'un des plateaux, et dans l'autre nous ajoutons successivement des poids marqués, jusqu'à ce que le fléau soit devenu horizontal : les poids qui sont alors sur le plateau représentent le poids du morceau de sucre. Nous voulons maintenant avoir 225 grammes de sucre ; dans un plateau mettons 225 grammes de poids marqués, et dans l'autre ajoutons peu à peu des morceaux de sucre : au moment de l'équilibre, nous aurons nos 225 grammes de sucre dans le plateau.

Mais il faut bien remarquer que la *pesée* ne sera bonne que si la balance est *juste*, et si les poids sont *exacts*. Vous vérifierez si la balance est juste, en mettant des poids égaux dans les deux plateaux : il devra y avoir équilibre.

Balances diverses. — La balance ordinaire n'est pas la seule employée.

Voici, par exemple, la *balance de Roberval*. Son grand

Balance de Roberval.

avantage est d'avoir des plateaux complètement libres, sans ces cordons de suspension, qui, dans bien des cas, sont très gênants. C'est une simple modification de la balance ordinaire : les plateaux, au lieu d'être suspendus au-dessous du fléau, sont posés au-dessus des extrémités des bras de levier.

La *bascule* est d'une construction plus compliquée. Sachez seulement qu'on s'en sert comme d'une balance ordi-

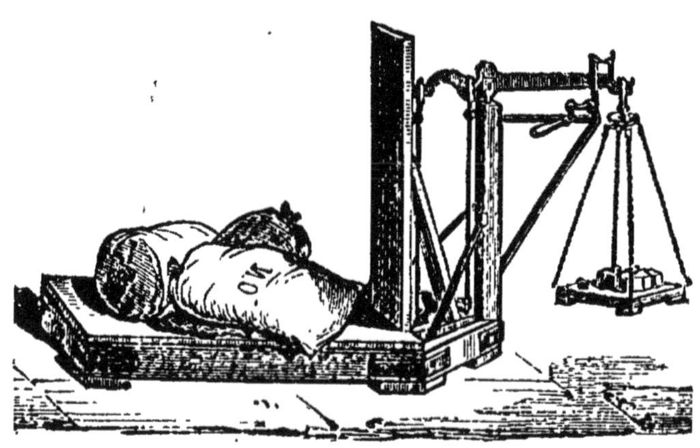

Bascule.

naire; toutefois, pour avoir le poids d'un corps à l'aide d'une bascule, il faut multiplier par dix le nombre des poids marqués qui lui fait équilibre.

La *balance romaine* est la plus simple de toutes les balances. L'axe de suspension B est tenu à la main par l'intermédiaire d'un anneau. A l'extrémité du bras de levier BA, dont la lon-

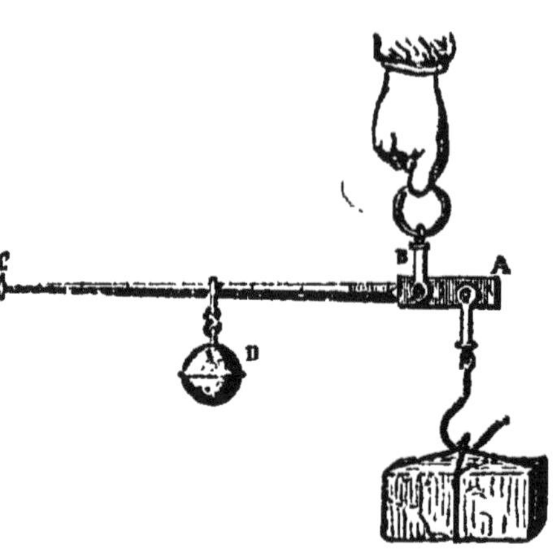

Balance romaine.

gueur est invariable, est fixé un crochet ou un plateau destiné à supporter les objets à peser. Le long de l'autre bras de levier, BC, qui est formé d'une tige de fer, glisse un poids D.

Au crochet attachons un objet, et faisons glisser le poids D vers la gauche ou vers la droite jusqu'à ce qu'il y ait équilibre, c'est-à-dire jusqu'à ce que le fléau soit horizontal. Le chiffre marqué en face du point où est alors arrêté le poids D est justement le poids du corps.

Vous connaissez aussi, peut-être, le *peson à ressort*, qui permet de peser sans aucun poids : il est commode, mais il est rarement juste.

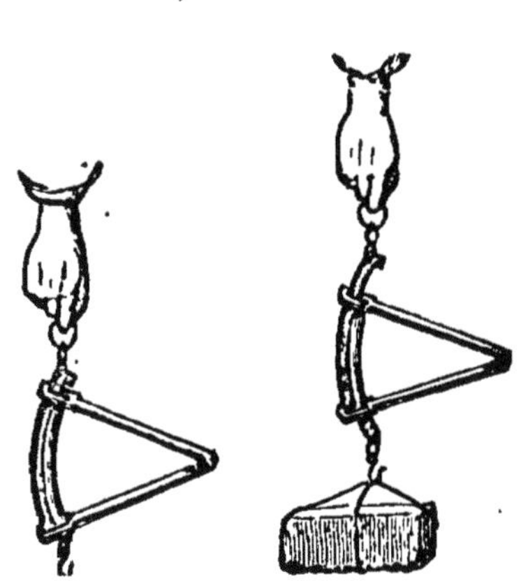

Peson à ressort.

Levier. — Nous venons de dire que le fléau d'une balance est souvent appelé du nom de *levier*. Voyons maintenant ce que c'est qu'un levier : vous rencontrez à chaque

Avec un levier on peut soulever un lourd fardeau.

pas cet instrument si simple, vous vous en servez tous les jours ; il vous faut donc le connaître.

Le levier, réduit à sa plus simple expression, se compose d'une barre très solide, BC, destinée à vaincre une résistance considérable, à soulever un corps très lourd. La barre étant appuyée en E sur l'arête d'un support, autour de laquelle elle peut tourner, on applique à l'une des extrémités, C, la résistance, A, à vaincre, et à l'autre extrémité, B, on exerce un effort suffisant pour vaincre la résistance. Plus le bras du levier EB est long par rapport au bras EC, plus il est aisé de vaincre la résistance.

Je veux, par exemple, soulever une pierre qui pèse 500 kilogrammes. Je place mon levier de manière que le petit bras, EC, soit dix fois moins long que le grand; il me suffira d'exercer un effort de 50 kilogrammes en B pour soulever entièrement la pierre, et lui faire quitter la terre.

1° *Levier du premier genre.* — Le levier si simple dont je viens de vous parler est dit *levier du premier genre.* Dans ce levier, l'effort et la résistance s'exercent aux deux extrémités, et le point d'appui est entre les deux.

Les diverses balances dont nous avons donné la description sont des leviers du premier genre. Les *ciseaux* nous offrent un autre exemple de ce levier.

La brouette est une application extrêmement ingénieuse du levier du second genre.

Les ciseaux sont des leviers du premier genre.

2° *Levier du second genre.* — Dans le *levier du second genre,* le point d'appui est à l'une de ses extrémités; la résistance est au milieu, et l'effort s'exerce à l'autre extrémité.

La *brouette* est une application

La brouette est un levier du second genre.

cation extrêmement ingénieuse du levier du second genre.

Le point d'appui est l'axe de la roue, la résistance est le poids de l'objet placé dans la brouette, l'effort s'exerce de bas en haut à l'extrémité des manches de l'instrument.

Le casse-noisette est aussi un levier du second genre.

3° *Levier du troisième genre.* — Dans ce levier, le point d'appui est encore à une extrémité; mais la résistance est à l'autre, et l'effort s'exerce au milieu. Ici, le bras de levier de l'effort est plus petit que celui de la résistance; l'effort à faire sera toujours plus grand que le poids à soulever.

Les pincettes sont des leviers du troisième genre.

La *pincette* est un levier, ou plutôt la réunion de deux leviers du troisième genre.

Le fil à plomb. — Revenons au poids des corps.

Prenons entre les doigts le bout d'un fil fin, et à l'autre extrémité attachons un corps lourd, une balle de plomb, par exemple, destiné à le tendre : nous aurons ce qu'on

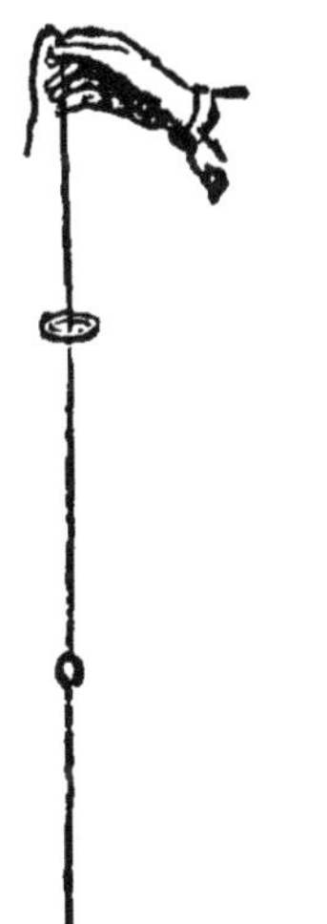

Tous les corps, en tombant,
suivent la direction verticale.

La direction verticale
est perpendiculaire à la surface de l'eau.

nomme un *fil à plomb*. Par l'extrémité tenue à la main passons un petit anneau, que nous lâcherons ensuite : nous le verrons glisser rapidement le long du fil, sans le toucher. Si nous répétons notre expérience, en remplaçant le premier anneau par un second, puis un troisième, un quatrième..., faits de substances différentes, elle réussira de la même manière. *Tous les corps, en tombant, suivent donc la même direction, qui est celle du fil à plomb.*

Cette direction est ce qu'on nomme la *verticale*. Elle est perpendiculaire à la surface des eaux tranquilles, comme nous pouvons le constater à l'aide d'une équerre.

Usages du fil à plomb. — Le fil à plomb est fréquemment employé pour vérifier la verticalité d'un mur. Il se compose d'une ficelle supportant un poids; une plaque percée en son centre, ayant la même largeur que le poids, peut glisser le long de la ficelle. On applique l'un des côtés de la plaque contre le haut du mur : s'il est vertical, le poids touchera exactement le bas, mais sans presser; le fil sera parallèle à la surface du mur.

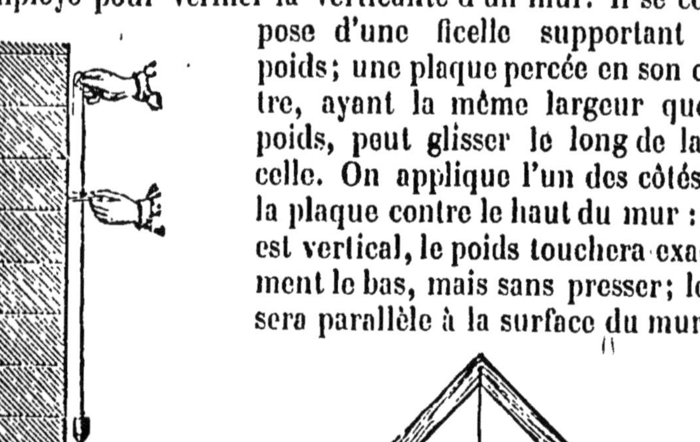

Le fil à plomb est employé pour vérifier la verticalité des murs.

Le fil à plomb est employé pour vérifier l'horizontalité des murs.

Le fil à plomb sert aussi à vérifier si une ligne est horizontale, c'est-à-dire perpendiculaire à la verticale. Il est, dans ce cas, fixé à une double équerre, que l'on applique sur la ligne. Si elle est horizontale, le fil passe alors devant la ligne A, marquée au milieu du pied de la double équerre. Si elle n'est pas horizontale, le fil passe à côté de la ligne A, et s'en écarte d'autant plus, que. la condition d'horizontalité est plus loin d'être remplie.

La résistance de l'air ralentit la chute des corps. — Je vous ai dit que tous les corps tombent dans la même direction, celle de la verticale. Cela n'est pas toujours absolument exact. Considérez ce brin de duvet : au lieu de tomber verticalement, il oscille lentement, et va toucher le sol bien loin du point où aboutit la verticale du lieu d'où il est parti. Vous connaissez tous la cause de cette irrégularité : le duvet est si léger, que l'air l'entraîne ; la brise la plus faible suffit pour le porter au loin ; si l'on souffle sur ce duvet, il est repoussé à une grande. distance. Tous les corps légers peuvent ainsi être déviés de leur route par l'action de l'air : ils le seront d'autant plus, qu'ils seront moins lourds.

De plus, l'air s'oppose à la rapidité de la chute. Notre brin de duvet tombe avec une extrême lenteur, une feuille de papier tombe plus vite, une balle de plomb plus vite encore. Mais tous les corps assez lourds pour n'être pas déviés dans leur direction par l'influence de l'air tombent avec la même vitesse.

Je vais vous montrer bien aisément l'influence de cette résistance de l'air. Prenons deux feuilles de papier absolument semblables, et lâchons-les dans l'air : elles tombent lentement, en oscillant de droite à gauche. Reprenons-les, froissons l'une d'elles de manière à en faire une boule de petit volume, et laissons-les tomber de nouveau. La première tombe encore lentement ; la seconde, qui maintenant offre à l'air bien peu de prise, descend aussi vite que le ferait un morceau de plomb.

En somme, s'il n'y avait pas d'air, *tous les corps tomberaient avec la même vitesse.*

Pendant la chute, la vitesse s'accélère à chaque instant. — Lorsqu'on abandonne un corps à lui-même, il tombe d'abord lentement ; mais son mouvement s'accélère très vite, de façon à devenir bientôt extrêmement rapide.

Ainsi, si un corps tombait d'une hauteur de 320 mètres, il arriverait à terre après une chute qui aurait duré 8 secondes, et il aurait, en arrivant, une vitesse de 79 mètres par seconde ; c'est 40 fois la vitesse de nos trains les plus rapides.

Ce grand accroissement de la vitesse pendant la chute vous explique pourquoi un corps qui tombe frappe le sol d'autant plus fort, qu'il vient

Un corps qui tombe de haut frappe très fort.

de plus haut : chacun sait en effet que la force d'un choc dépend en grande partie de la rapidité de mouvement du corps qui le donne. Les *moutons* employés pour enfoncer les pilotis nécessaires à la construction des ponts sont une application directe de la loi que nous étudions ici.

Observation. — Le maître fera avec soin toutes les expériences indiquées dans les leçons de physique et de chimie ; elles sont choisies de manière à ne nécessiter l'usage d'aucun matériel coûteux. Il encouragera les enfants à les répéter eux-mêmes, à en imaginer d'autres du même genre. Cet exercice leur fera mieux comprendre les leçons, en même temps qu'il les rendra plus ingénieux et plus adroits.

Devoirs écrits. — Énumérer les divers instruments ou outils usuels dans lesquels interviennent des leviers ; montrer comment,

dans chaque cas, agissent ces leviers. — Décrire la balance; dire
comment on s'en sert. — Indiquer par quelles expériences on
montre l'influence de l'air sur la chute des corps.

II. — L'ÉQUILIBRE DES LIQUIDES.

La surface des liquides au repos est plane et horizontale. —
Les corps liquides, comme l'eau, le lait, le vin, n'ont jamais une forme qui leur soit propre : ils se moulent toujours exactement sur les vases dans lesquels on est forcé
de les renfermer.

Même lorsqu'ils sont dans ces vases, il suffit de les agiter pour les voir changer d'aspect et de forme. Mais,
quand on abandonne ensuite le liquide au repos, il reprend son aspect primitif, et ses différentes parties cessent
de se mouvoir les unes par rapport aux autres : on dit
alors que le liquide est en *équilibre.*

Tout liquide au repos, c'est-à-dire en équilibre, se termine, à sa partie supérieure, par une surface plane horizontale, perpendiculaire en chacun de ses points à la direction du fil à plomb, qui est verticale. Nous pouvons nous
en convaincre, d'abord avec une règle, puis avec un fil à
plomb et une équerre.

Cependant, quand la surface du liquide a une grande
étendue, on constate qu'elle a la forme sphérique, c'est-àdire la forme de la terre. C'est à cause de cette forme
courbe de la surface de la mer qu'on voit les vaisseaux qui
arrivent au port émerger peu à peu au-dessus de l'horizon, comme s'ils sortaient progressivement de l'eau.

La surface des mers a la forme d'une sphère.

Vases communiquants. — Quand deux vases communiquent par leur partie inférieure, comme ceux que je mets ici sous vos yeux, la surface libre du liquide est encore plane et horizontale dans chacun des vases, et, de plus, le liquide s'élève à la même hauteur dans les deux. Et cela est vrai quelle que soit la forme des deux vases, et aussi dans quelque position qu'on les place l'un par rapport à l'autre.

Cette propriété a une grande importance, et nous permet d'expliquer beaucoup de phénomènes naturels, comme vous allez vous en convaincre.

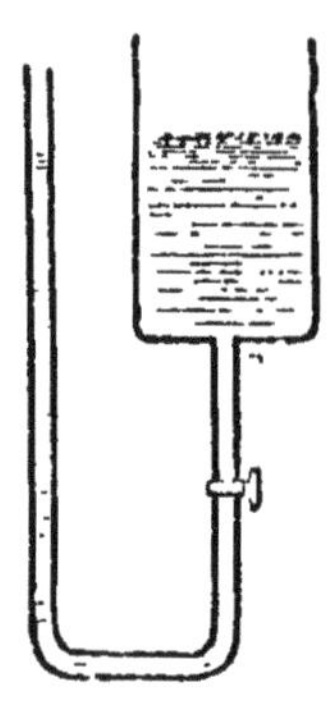

Quand deux vases communiquent entre eux, le liquide s'élève à la même hauteur dans les deux.

Applications des vases communiquants. — C'est parce que la surface libre des liquides tend toujours à devenir horizontale que les eaux de pluie coulent constamment le

Une source.

long des pentes des collines, descendent au fond des
vallées, pour former les ruisseaux, les rivières, les fleuves.
Ceux-ci, qui sont eux-mêmes au-dessus de la surface de
la mer, descendent à leur tour, pour arriver au niveau du
grand réservoir commun.

De même, l'eau qui s'est infiltrée à travers les couches
perméables du sol descend lentement, pour sourdre ensuite là où elle trouve une issue. On a une *source*.

Source jaillissante.

Si cette eau d'infiltration n'a pour s'échapper qu'un chemin trop étroit, elle est forcée de s'ac-
cumuler dans les couches supérieures.
L'eau, qui s'échappe alors par l'ouverture inférieure, tend à s'élever jusqu'au
niveau d'où elle est partie. La source
est *jaillissante*.

Les *fontaines* ou *sources jaillissantes*
naturelles, on les reproduit tous les jours
artificiellement dans les jardins. Un réservoir placé à une certaine hauteur, et
rempli d'eau, porte à sa partie inférieure
un tuyau qui s'abaisse, entre dans le

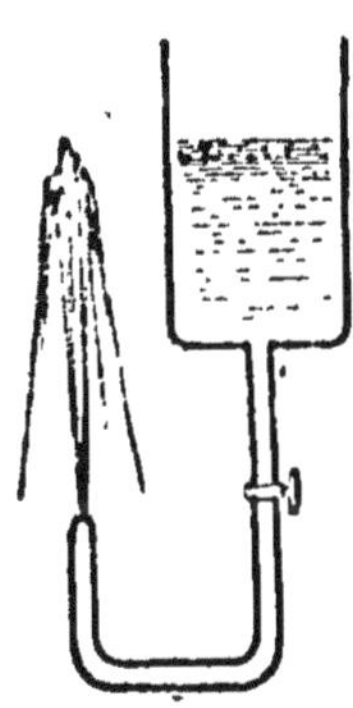

Jet d'eau artificiel.

sol, et vient s'ouvrir au centre d'un bassin. Si, de là, le tuyau s'élevait verticalement jusqu'à la hauteur du réservoir, l'eau y monterait jusqu'au niveau de celui-ci; mais le tuyau s'arrête au niveau du sol : l'eau va donc s'élever en une gerbe verticale et retomber dans le bassin.

Dans certaines grandes villes, l'eau est distribuée aux habitants à tous les étages des maisons. C'est encore le principe des vases communiquants qui va nous faire comprendre par quel procédé. L'eau de la ville est conduite, soit naturellement, soit au moyen de grandes pompes à vapeur, dans un immense réservoir central placé plus haut que le toit des maisons les plus élevées. De là partent des tuyaux de conduite qui se rendent à tous les étages : l'eau monte dans ces tuyaux pour prendre le niveau du réservoir central, et l'on n'a qu'à ouvrir un robinet pour la voir couler en abondance.

Enfin, le *niveau d'eau*, si fréquemment employé par les géomètres pour faire le nivellement d'un terrain, est encore une application des vases communiquants. Il se com-

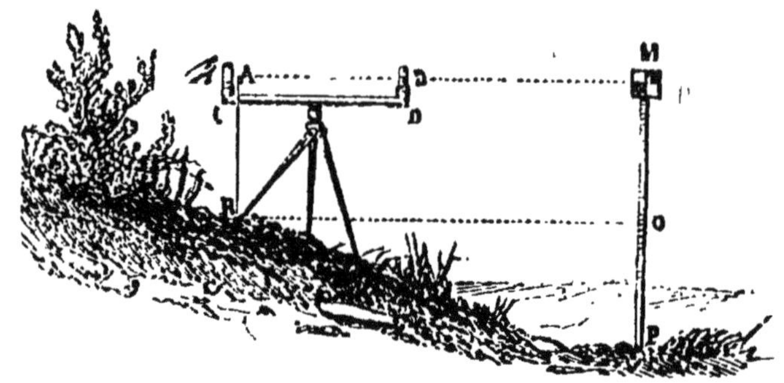

Le niveau d'eau.

pose de deux fioles de verre, A et B, mises en communication à leur partie inférieure par un tube de fer-blanc, CD, de 1^m,20 de longueur. Ce tube est porté en son milieu par un trépied articulé qui s'appuie sur le sol. Le tube étant placé dans une position à peu près horizontale, on verse dans l'une des fioles de l'eau colorée (pour qu'elle soit plus facilement visible). Lorsque l'eau s'est mise en équilibre dans les deux fioles, on peut être assuré que les deux surfaces libres sont dans un plan horizontal. En plaçant l'œil de manière à les viser à la fois toutes les deux, on obtient donc une ligne horizontale qui permet de voir quels sont les points du sol qui sont au même niveau que l'instrument. Je vous montrerai, dans une de nos promenades, que le niveau d'eau permet aussi de mesurer la différence de niveau OP qui existe entre les points R et P, pris sur le terrain.

Pressions sur les parois des vases. — Un corps solide, que l'on pose sur une table, y presse de tout son poids ; de même, un liquide presse de tout son poids sur les parois du vase qui le renferme. Disons quelques mots de cette pression, car elle présente quelque chose de tout à fait particulier.

Voici devant vos yeux une carafe pleine d'eau. Chaque centimètre carré de sa paroi est pressé par le liquide intérieur, et, si le verre n'était pas assez résistant, le vase serait brisé. Mais, ce qu'il y a de remarquable, c'est que la pression sur chaque centimètre carré ne dépend pas du tout de la forme de la carafe : elle dépend uniquement de la hauteur de l'eau. Que la carafe soit large, qu'elle soit étroite, la pression supportée par chaque centimètre carré du fond est la même, pourvu que la hauteur de l'eau, mesurée verticalement, soit aussi la même.

Voyez par exemple cet entonnoir, et, à côté, ce tube de verre. L'ouverture inférieure de l'entonnoir a exactement la même grandeur que celle du tube,

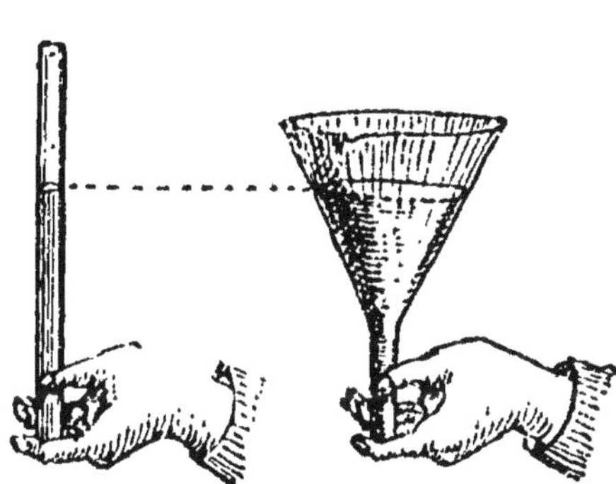

La pression exercée par le liquide sur le fond du vase qui le renferme est indépendante de la forme de ce vase.

mais le premier vase

est capable de renfermer cent fois plus d'eau que le second. Cependant je n'ai pas plus d'effort à faire pour fermer avec mon doigt l'ouverture de l'entonnoir que pour fermer l'ouverture du tube : la pression exercée sur mon doigt, qui remplace ici le fond du vase, est la même dans les deux, quand la hauteur de l'eau est la même.

Donc : *la pression exercée par un liquide sur le fond horizontal du vase qui le renferme est indépendante de la forme de ce vase ; elle est toujours égale au poids d'une colonne de ce liquide ayant pour base le fond et pour hauteur la distance verticale du fond au niveau.*

Pressions sur les corps plongés dans les liquides. — Ces pressions, qu'exercent les liquides par suite de leur poids,

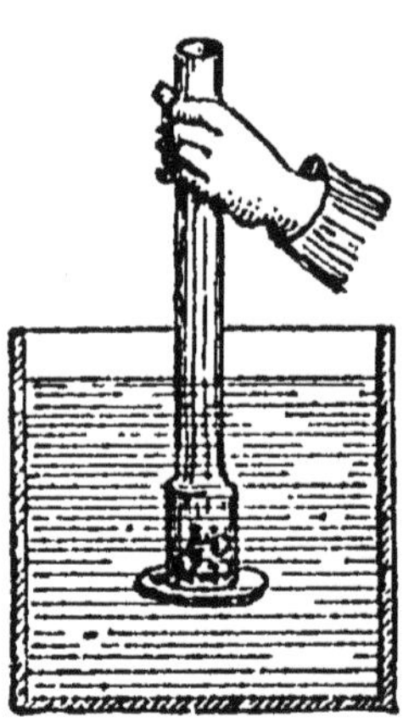

Le liquide exerce aussi sa pression sur les corps qui y sont plongés.

se font aussi sentir sur tous les corps qui s'y trouvent plongés.

Voici, par exemple, un verre de lampe que je bouche à sa partie inférieure, au moyen d'un morceau d'ardoise bien aplani. J'enfonce le tout dans l'eau, en tenant d'abord le morceau d'ardoise avec la main ; puis je l'abandonne à lui-même. Remarquez qu'il ne tombe pas : il est maintenu appliqué contre le verre par la pression que l'eau exerce sur lui. Nous pouvons jeter successivement dans le verre de lampe un certain nombre de petits cailloux, sans que cet excès de charge fasse tomber le disque ; enfin il se détache, parce que maintenant son poids, augmenté du poids des cailloux, est supérieur à la pression qu'exerce le liquide.

Je recommence maintenant l'expérience, en enfonçant plus profondément le verre de lampe au sein de l'eau. Elle réussit mieux encore, et je dois ajouter un plus grand nombre de cailloux pour obtenir la chute du disque : vous voyez donc bien que la pression est plus forte à une profondeur plus grande.

Principe d'Archimède[1]. — Ainsi, quand un solide est plongé dans un liquide, il est pressé de toutes parts par suite du poids du liquide. Les pressions qui s'exercent à sa partie inférieure sont, d'après ce que nous venons de dire, plus fortes que celles qui s'exercent à sa partie supérieure. Ces diverses pressions ne se contre-balanceront donc pas exactement ; celles de dessous, qui s'exercent de bas en haut, l'emporteront sur les autres, et tendront à soulever le corps.

Vous avez bien observé, en effet, qu'une pierre plongée dans l'eau est plus facilement soulevée que si elle était dehors : elle semble devenue plus légère. Un morceau de bois, placé dans les mêmes conditions, semble avoir perdu tout son poids : au lieu d'aller au fond, il flotte à la surface, où le moindre effort suffit pour le mouvoir, si gros qu'il soit. Ce sont les pressions du liquide sur le corps plongé qui produisent cet effet.

Archimède a, le premier, énoncé la règle à suivre pour calculer la perte de poids éprouvée par un corps plongé dans un liquide : *un corps plongé dans un liquide subit, de la part de ce dernier, une poussée verticale dirigée de bas en haut et égale au poids du volume de liquide qu'il déplace.*

Bouchon de liège remontant dans l'eau.

Plongeons par exemple dans l'eau 1 décimètre cube de fer, qui pèse 7 kilog.,8. Ce morceau de fer déplacera 1 décimètre cube d'eau. Il éprouvera donc une poussée dirigée de bas en haut et égale au poids de 1 décimètre cube d'eau,

1. *Archimède* (287 à 212 av. J. C.), grand géomètre syracusain.

par conséquent égale à 1 kilogramme. Pour soulever dans l'eau notre bloc de fer, nous n'aurons plus qu'à exercer un effort de 6 kilog.,8 : il semblera avoir perdu 1 kilogramme de son poids.

Un décimètre cube de marbre, qui pèse 2 kilog.,8, ne pèsera plus dans l'eau que 1 kilog.,8, il aura perdu plus du tiers de son poids.

Corps flottants. — Prenons maintenant 1 décimètre cube de liège ,qui pèse 0 kilog.,24 ; il sera soumis à une poussée de bas en haut égale à 1 kilogramme ; il semblera n'avoir plus de poids du tout. Il s'élèvera rapidement dans le liquide, pressant la main qui s'opposera à son ascension. Arrivé à la surface, il émergera en partie, jusqu'à ce que le poids de l'eau déplacée par la portion qui demeure submergée soit égal à son propre poids, 0 kilog.,24 ; il sortira aux trois quarts de l'eau : il sera devenu *flottant.*

Ceci nous montre que les corps susceptibles de flotter sur un liquide sont ceux qui ont une densité moindre que celle du liquide, ceux qui pèsent moins qu'un volume de liquide égal au leur.

Un corps flottant s'enfoncera d'autant moins, qu'il sera plus léger, ou que le liquide sera plus lourd. Ainsi, il est plus aisé de nager dans la mer que dans une rivière, parce que l'eau salée est plus lourde que l'eau douce. De même, un bateau qui vient de la mer s'enfonce davantage lorsqu'il entre dans les eaux d'un fleuve.

Devoirs écrits. — Énoncer le principe d'Archimède ; dire dans quelles circonstances il intervient. — Expliquer pourquoi l'eau s'élève dans les jets d'eau. — Comment peut-on mesurer, en grammes, la pression exercée sur le fond d'un vase par l'eau qui s'y trouve contenue ?

Les énoncés de devoirs écrits indiqués pour ce chapitre, comme pour les suivants et ceux qui précèdent, seront variés et modifiés par le maître selon l'intelligence de ses élèves. — Il donnera toujours aux enfants des indications détaillées sur la manière dont la question doit être traitée.

III. — LA PRESSION ATMOSPHÉRIQUE.

L'air est un gaz pesant, compressible et élastique. — Vous savez[1] que l'air, quoique invisible, est cependant un corps parfaitement réel, qui nous entoure de toutes parts. Il pèse, avons-nous dit, 1 gramme et 3 décigrammes par litre.

Je veux vous montrer aujourd'hui qu'il est, de plus, *compressible* et *élastique.*

Voyez ce tuyau de sureau, solidement fermé à l'une de ses extrémités par un bouchon d'étoupe; ce tuyau est plein d'air. Je bouche l'extrémité ouverte au moyen d'une

L'air diminue de volume quand on le comprime.

baguette garnie d'étoupe, et j'enfonce le piston mobile ainsi obtenu. Je puis réduire, très facilement, l'air à la moitié, au quart, au dixième de son volume primitif. L'air est donc susceptible de diminuer de volume lorsqu'on presse sur lui : on dit qu'il est *compressible.* Il diffère totalement en cela des solides et des liquides : vous savez bien que, si le tuyau avait été plein d'eau, il aurait été impossible de faire descendre le piston, parce que l'eau n'est pas compressible.

De plus, l'air est *élastique,* c'est-à-dire que, à mesure qu'on le comprime, il presse sur les parois du vase qui le renferme, pour tâcher de reprendre son volume primitif. Il presse si fort, que le bouchon d'étoupe est projeté au

1. Voir la leçon VII du *Cours élémentaire*, p. 16.

loin, dès que je cesse de l'appuyer sur la table. C'est là une expérience de physique pleine d'intérêt; chacun de vous l'avait déjà faite bien souvent, car l'appareil dont nous venons de nous servir n'est autre chose que le *pistolet à vent* dont vous vous servez dans vos jeux.

Atmosphère terrestre. — Partout à la surface de la terre il y a de l'air. La couche d'air qui entoure notre globe a une grande épaisseur; elle s'élève beaucoup plus haut que le sommet des montagnes les plus élevées, constituant ce qu'on nomme l'*atmosphère*. L'atmosphère est donc la couche d'air qui entoure la terre.

Sans l'atmosphère, ni les animaux ni les plantes ne sauraient vivre. Nous avons vu, en effet, que les animaux trouvent dans l'air l'oxygène nécessaire à leur respiration; les plantes y trouvent l'acide carbonique indispensable à leur accroissement. Les combustions non plus ne se produiraient pas sans l'air.

De plus, l'air presse, à cause de son poids, sur tous les corps qu'il entoure. Nous allons nous occuper aujourd'hui de cette pression.

Pression atmosphérique. — L'air étant pesant, les couches d'air, qui s'élèvent au-dessus de nos têtes jusqu'à une grande hauteur, doivent peser sur nous de tout leur poids. Cette pression que l'air exerce, par suite de son poids, sur tous les corps qui y sont plongés, est ce qu'on nomme la *pression atmosphérique*.

A mesure qu'on s'élève dans l'air, cette pression va en diminuant, parce que le nombre, et par conséquent aussi le poids des couches que l'on a au-dessus de soi, va en diminuant.

Mais ce n'est pas tout. L'air est très compressible; donc l'air pris au fond de l'atmosphère, près du sol, fortement comprimé par le poids des couches supérieures, doit avoir une plus grande densité que celui, moins comprimé, des hautes régions. Le poids d'un litre d'air va en diminuant à mesure qu'on s'élève.

Tous les gens qui ont été en ballon à de grandes hauteurs, qui sont montés sur le sommet des montagnes élevées, ont eu à souffrir de la raréfaction de l'air : leur respiration ne se faisait pas aisément.

Effets de la pression atmosphérique. — Les savants ont pu mesurer la valeur de la pression atmosphérique. Elle agit avec une force égale à 1 kilogramme et 33 grammes sur chaque centimètre carré pris à la surface du sol.

Les effets d'une pareille pression sont curieux à passer en revue. Un kilogramme et 33 grammes par centimètre carré, cela fait 10 330 kilogrammes par mètre carré. Nous avons devant les yeux une table de 1 mètre carré de superficie : elle supporte donc une pression de 10 330 kilogrammes, un poids supérieur à celui de 10 mètres cubes d'eau.

Et elle n'est pas brisée, cette table? Non. N'oublions pas en effet que les pressions dans les liquides et dans les gaz se transmettent dans tous les sens avec la même intensité. Nous avons vu comment un liquide exerce une pression sur la partie inférieure d'un disque d'ardoise fermant un verre de lampe. Il en est de même dans l'atmosphère. A l'énorme pression qui s'exerce sur la table, et qui semble devoir l'écraser, correspond une pression égale, qui s'exerce par-dessous, et qui fait exactement équilibre à la première. Par le fait, la table n'est donc pas plus chargée que si elle n'était pas plongée dans l'air.

Nous aussi, nous sommes pressés de toutes parts par l'atmosphère, et toutes ces pressions se chiffrent par bien des milliers de kilogrammes. Mais elles se font équilibre les unes aux autres, non seulement à l'extérieur, mais encore en dedans de nous, car l'air pénètre, avec le sang, dans tous nos organes. Grâce à une si heureuse compensation, nous ne sentons rien de tant et de si fortes pressions.

Voyons comment on peut montrer, par quelques expériences, les effets de la pression atmosphérique.

Voici un verre absolument plein d'eau; j'applique à la

surface du liquide, et contre les bords du vase, une feuille

L'eau du verre est maintenue par la pression atmosphérique.

de papier. Retournons le verre, en maintenant d'abord le papier avec la main, que nous enlèverons ensuite. L'ouverture est en bas, et l'eau, retenue seulement par une mince feuille de papier, ne tombe pas. La pression atmosphérique, qui s'exerce ici de bas en haut, la soutient. La feuille de papier a tout simplement pour but d'empêcher l'eau de se diviser en gouttelettes qui n'offriraient pas de prise à la pression et tomberaient à travers l'air. Il est clair que l'expérience ne réussirait pas si le fond du verre était percé, car alors la pression s'exercerait aussi de haut en bas, avec la même intensité que de bas en haut; ces deux pressions se feraient équilibre, et l'eau ne serait plus soutenue.

On peut le faire voir avec la *pipette* ou *tâte-vin*, que je vous montre ici. C'est un vase de fer-blanc, de forme allongée, présentant à chacune de ses extrémités une toute

Dans la pipette, le vin est soutenu par la pression atmosphérique.

petite ouverture. On enfonce le vase dans l'eau ; celle-ci entre par le bas tandis que l'air sort par le haut. Bientôt la pipette est pleine. On ferme avec le doigt l'ouverture supérieure, et on retire l'instrument de l'eau. Il reste plein, malgré l'ouverture inférieure, comme le faisait le verre de l'expérience précédente. Mais si l'on ouvre le trou du haut en enlevant le doigt, l'écoulement commence ; on le fait cesser et reprendre aussi souvent qu'on le veut, en bouchant et débouchant alternativement l'ouverture supérieure. On se sert du tâte-vin pour sortir le vin d'un tonneau par la bonde, lorsqu'on veut le goûter.

Vous comprenez maintenant pourquoi le vin ne s'écoule régulièrement par la cannelle d'une barrique que lorsqu'on a eu soin d'ouvrir la bonde, pour laisser entrer l'air à mesure que sort le vin.

Liquide maintenu dans un tube par l'effet de la pression atmosphérique. — Faisons encore une expérience. Vous avez là, devant les yeux, un tube de verre d'un mètre de longueur à peu près, fermé à l'une de ses extrémités et ouvert à l'autre. Je le remplis d'eau entièrement, j'en bouche l'ouverture avec le doigt, je le retourne dans une cuvette pleine d'eau, et j'enlève le doigt. L'extrémité fermée est maintenant en haut; l'extrémité ouverte est en bas, plongée dans l'eau de la cuvette. Pourtant le tube reste plein : c'est que la pression atmosphérique, qui s'exerce sur l'eau de la cuvette, maintient le liquide soulevé dans le tube.

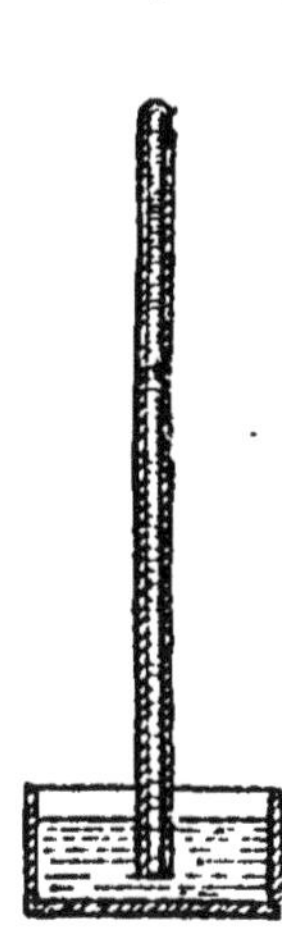

Dans un tube plein d'eau, le liquide est maintenu par la pression atmosphérique.

Mais la pression atmosphérique n'a pas une puissance illimitée; elle ne peut donc pas soutenir l'eau à une hauteur indéfinie. Si notre tube avait 15 ou 20 mètres de hauteur, l'eau s'abaisserait jusqu'à ce que son niveau ne fût plus qu'à 10^m,33 de celui de la cuvette. Nous conclurions de là que la pression atmosphérique est capable de soutenir une colonne d'eau de 10^m,33 de hauteur.

Nous ne pouvons pas faire cette expérience, puisque notre tube n'est pas assez long, mais nous pouvons en faire une autre, qui confirmera notre calcul. Remplaçons l'eau par le mercure, qui est 13 fois 1/2 plus lourd : la pression atmosphérique ne le maintiendra qu'à une hauteur d'à peu près 76 centimètres, car une colonne de mercure de 76 centimètres de hauteur est aussi lourde qu'une colonne d'eau de 10^m,33. Avec ce liquide-là l'expérience est bien plus facile à faire qu'avec l'eau; car on n'a pas besoin d'un tube aussi long.

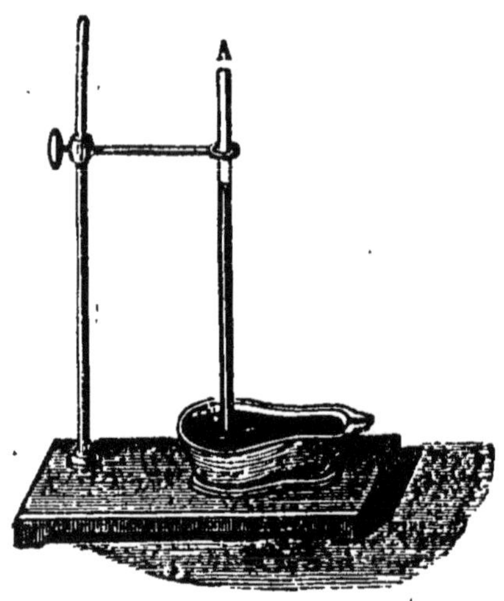

Dans un tube d'abord plein de mercure, le liquide n'est soutenu par la pression atmosphérique qu'à une hauteur de 76 centimètres.

Comprenez bien surtout que si l'on perçait en haut du tube, en A, une petite ouverture, l'air entrant par-là exercerait une pression capable de contre-balancer la pression atmosphérique, et qu'aussitôt le mercure du tube s'abaisserait au niveau de celui de la cuvette.

Baromètre. — Le tube plein de mercure dont nous venons de parler se trouve maintenant partout : il est connu sous le nom de *baromètre*. Il sert à donner la valeur de la pression atmosphérique.

Pour qu'un baromètre soit bon, c'est-à-dire donne exactement la valeur de la pression atmosphérique, il faut que l'espace vide qui est au sommet du tube ne renferme pas trace d'air; s'il y en avait un peu, la pression de cet air, si faible qu'elle fût, ferait équilibre à une partie de la pression atmosphérique, et diminuerait d'autant la hauteur du mercure soulevé.

Le baromètre se complète d'habitude par l'adjonction d'une règle graduée, placée le long du tube, et qui sert à mesurer avec précision la hauteur verticale du mercure soulevé.

Les variations du baromètre. — Il est bien certain, n'est-il pas vrai, que la hauteur barométrique doit diminuer à mesure qu'on s'élève dans l'air. Nous avons dit, en effet, que la pression atmosphérique est plus grande dans la plaine que sur les montagnes. Au niveau de la mer, elle a sa plus grande valeur, qui est d'à peu près 76 centimètres; elle sera plus faible à Rouen, plus faible encore à Clermont, plus faible encore au Puy-de-Dôme ; plus faible aussi au cinquième étage d'une maison qu'à la cave.

Non seulement la pression atmosphérique varie d'un lieu à l'autre, mais elle varie aussi dans chaque lieu. Aujourd'hui, la pression atmosphérique n'est pas ici ce qu'elle était hier, ni ce qu'elle sera demain. Ces variations, qui ne dépassent pas 3 ou 4 centimètres, tiennent aux courants d'air qui se produisent constamment dans l'atmosphère sous le nom de vents, et aussi à l'humidité, dont la quantité est très variable. Les vents et l'humidité ayant la plus grande influence sur les changements de temps, on conçoit que les variations du baromètre puissent indiquer ces changements. En général, une pression élevée, supérieure à $0^m,76$, annonce du beau temps; une pression basse, inférieure à $0^m,76$, indique du mauvais temps.

Mais il ne faut pas, toutefois, avoir trop de confiance dans ces indications, qui sont souvent trompeuses. Les météorologistes, qui connaissent, grâce au télégraphe, les variations barométriques qui se produisent dans le monde entier, peuvent seuls prévoir avec quelque certitude les changements de temps les plus prochains.

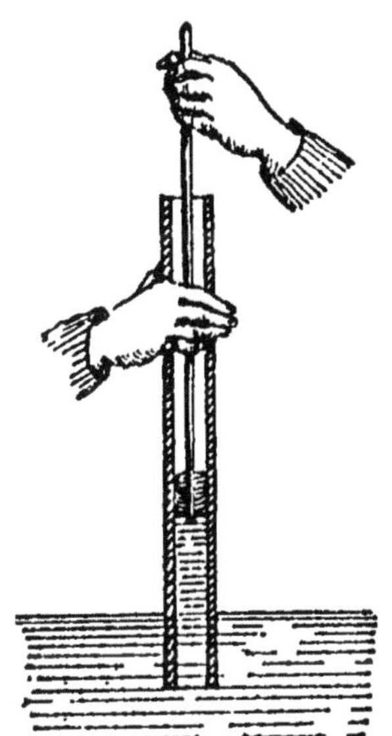

Dans une seringue, le liquide monte par l'effet de la pression atmosphérique.

Les pompes. —A l'extrémité d'une mince baguette j'ai enroulé un peu d'étoupe ; j'introduis ce piston improvisé par l'ouverture supérieure d'un tube plongé dans l'eau, et je le fais glisser dans le tube. A mesure qu'il descend, il refoule l'air qui s'échappe en bulles par le bas, à travers le liquide. Le piston est maintenant en bas, soulevons-le lentement. Il n'y a plus d'air audessous de lui, plus de pression ; la pression atmosphérique qui s'exerce à l'extérieur va donc refouler l'eau, qui montera derrière le piston jusqu'au sommet du tube.

Mais l'appareil que je viens de faire ainsi fonctionner, c'est tout simplement une seringue, ou une *pompe*, car une pompe n'est autre chose qu'une immense seringue.

Je ne veux pas entrer dans le détail de la description d'une pompe. Retenez seulement que l'ascension de l'eau dans le tuyau des pompes est un effet de la pression atmosphérique.

Si vous avez bien compris ce que nous avons expliqué dans le paragraphe précédent, il vous sera facile d'expliquer pourquoi le tuyau d'aspiration d'une pompe ne doit jamais avoir une hauteur supérieure à 10^m,33.

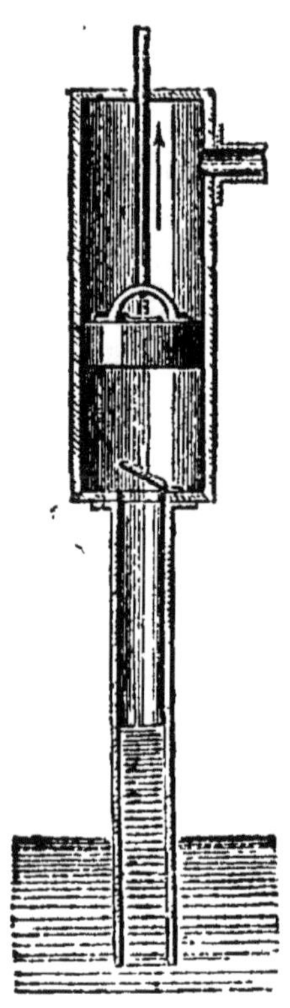

Dans une pompe aspirante, l'eau monte par l'effet de la pression atmosphérique.

Le principe d'Archimède s'applique aux gaz. — Le principe d'Archimède, énoncé pour les liquides, s'applique aussi aux gaz.

Un corps plongé dans l'air éprouve une poussée de bas en haut égale au poids du volume de l'air déplacé. Un bloc de pierre de 1 décimètre cube de capacité pèserait dans le vide 1 gr.,3 de plus que dans l'air.

Tout corps plus lourd que l'air tombera dans l'air. Si les oiseaux parviennent à se maintenir sans tomber, c'est grâce à un mouvement continuel de leurs ailes, qui, battant l'air avec force, s'opposent à leur chute.

Au contraire, tout corps plus léger que l'air s'élèvera, comme le fait dans l'eau un bouchon de liège que l'on aurait placé au fond. La fumée s'élève, parce qu'elle est moins lourde que l'air. Un gaz léger, comme le gaz d'éclairage, s'élève aussi, mais pas longtemps, car il ne tarde pas à se

Un gaz léger, enfermé dans une enveloppe légère, monte dans l'air, comme un bouchon monte dans l'eau.

mélanger intimement avec l'air, comme le font l'eau et le vin. Mais si nous renfermons le gaz dans une enveloppe très légère, il ne se mélangera plus avec l'air, et il lui sera possible alors de s'élever dans l'atmosphère, entraînant le ballon qui le contient. Il suffira pour cela que le poids du gaz, augmenté du poids du ballon qu'il entraîne, soit inférieur au poids de l'air déplacé.

Les aérostats. — Les frères Montgolfier, fabricants

Gonflement d'un ballon avec le gaz d'éclairage.

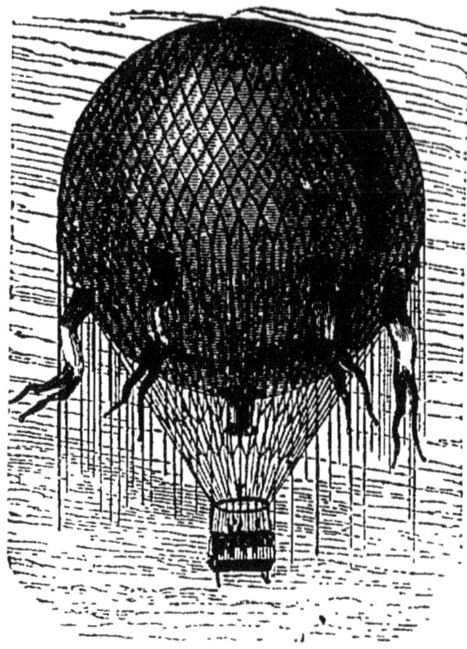

Le ballon dans les airs.

de papier à Annonay, eurent les premiers l'idée de faire en grand cette expérience. Le 5 juin 1783, ils lancèrent à Paris un ballon gonflé par de l'air chaud.

Peu après, on en lançait d'autres remplis d'hydrogène, gaz quatorze fois plus léger que l'air, et enfin, plus tard, on en lança qui étaient gonflés de gaz d'éclairage, léger, lui aussi, et plus facile à se procurer partout que l'hydrogène.

Malheureusement, on n'a pas encore pu tirer un grand parti de cette découverte des aérostats. Ces appareils ont été employés par les savants pour aller étudier ce qui se passe dans les régions supérieures de l'atmosphère. En dehors de cet usage, ils ne servent guère à autre chose qu'à l'amusement du public.

Devoirs écrits. — Qu'est-ce qu'un baromètre ? Pourquoi le mercure reste-t-il soulevé dans le tube du baromètre ? — Décrire la pompe de l'école ; indiquer l'usage de chacun de ses organes. — Qu'est-ce qu'un aérostat ? — Pourquoi un aérostat s'élève-t-il dans l'air ?

La nacelle d'un grand ballon avec les aéronautes.

IV. — LES DILATATIONS ET LE THERMOMÈTRE.

Les corps solides se dilatent quand on les chauffe. — Voyez cette barre de fer, empruntée au forgeron voisin. Je la

Une barre de fer qui entrait exactement entre deux pierres posées sur le sol n'y entre plus quand elle est fortement chauffée.

couche sur le sol de la cour, et je marque, exactement en face de ses extrémités, deux traits dont la distance indique sa longueur. Allumons maintenant un feu de bois sec tout le long de la barre, de façon à la chauffer fortement : ne voyez-vous pas comme elle s'allonge? Elle dépasse maintenant très notablement, par les deux bouts, nos traits de repère.

Nous concluons de cette expérience qu'une barre de fer augmente de longueur, *se dilate*, lorsqu'on la chauffe. Cet allongement est, du reste, temporaire : la barre reprend sa longueur primitive quand elle a perdu sa chaleur.

Ajoutons que la dilatation se produit aussi dans le sens de la largeur. Un corps solide chauffé augmente non seulement de longueur, mais de volume. Cette boule métallique, qui passe tout juste dans un anneau de fil de fer lorsqu'elle est froide,

Une boule chauffée ne peut plus passer dans un anneau de fil de fer. Elle y passe de nouveau quand elle est refroidie.

n'y passe plus, comme vous voyez, quand elle a été chauffée au feu.

Tous les solides ne se dilatent pas de la même quantité quand on les chauffe. Le plomb se dilate deux fois plus que le fer, le zinc deux fois plus que le cuivre. Chaque corps, en un mot, a sa dilatation spéciale.

De plus, ces dilatations sont toujours très faibles. Une barre de fer qui a 1 mètre de longueur à la température ordinaire de l'air, s'allonge à peine d'un millimètre quand on la plonge dans l'eau bouillante, et de 7 à 8 millimètres quand on la fait fortement rougir.

Mais si les augmentations de longueur sont faibles, elles se produisent avec une force presque irrésistible. On a vu des barres de fer briser, par leur dilatation, des pierres résistantes dans lesquelles elles étaient scellées. On a soin, dans la construction des chemins de fer, de laisser entre les rails un petit espace, qui leur permet de se dilater.

Quand on verse dans un verre un liquide très chaud, il y a dilatation immédiate des portions de paroi qui sont en contact avec le liquide. Le pied, au contraire, et la partie supérieure du verre conservent leur volume primitif; de là, entre ces différentes parties, des tiraillements qui déterminent fréquemment une rupture.

Les dilatations qu'éprouvent les corps solides, quand on les chauffe, ont quelques applications usuelles qu'il vous faut connaître.

On brise souvent un verre quand on y verse de l'eau bouillante.

Un bouchon de verre a-t-il été trop fortement enfoncé dans le goulot d'une bouteille, on chauffe le goulot avec une allumette : il se dilate, devient plus large.

On se hâte alors d'enlever le bouchon, avant que la chaleur ne soit venue le dilater lui aussi.

Le charron qui veut ferrer une roue de voiture commence par chauffer son cercle de fer et le pose à ce moment. Le cercle, en se refroidissant, rapproche les unes des autres les pièces de bois qui composent la roue, et les maintient fortement unies.

Les liquides se dilatent sous l'action de la chaleur. — Les liquides aussi se dilatent sous l'action de la chaleur; ils se dilatent même beaucoup plus que les solides. Dans ce flacon, A, dont le col est étroit, nous avons mis de l'eau. Chauffons : nous constatons une élévation notable du liquide dans le col du flacon ; le liquide s'est élevé de h' en h'. Voyez, il arrive même qu'il se déverse par l'ouverture supérieure, T.

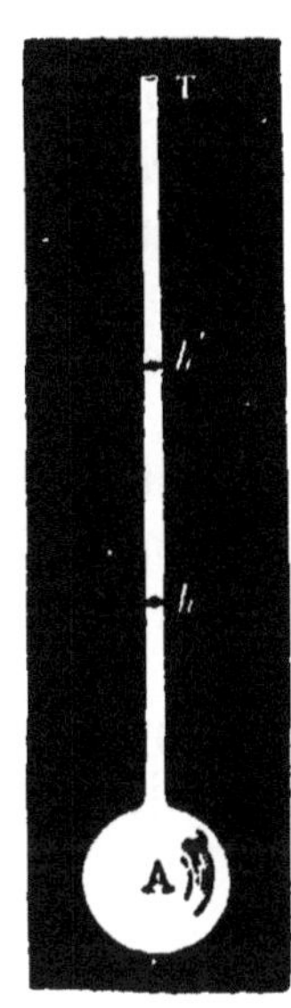

Les liquides se dilatent sous l'action de la chaleur.

Quand vous faites chauffer de l'eau dans une bouillotte, ne mettez pas du liquide jusqu'au bord ; le vase ne tarderait pas à déborder.

D'autres liquides se dilatent encore beaucoup plus que l'eau.

La dilatation des liquides se fait avec une force tout aussi irrésistible que celle des solides. Prenons un vase résistant, remplissons-le d'eau et fermons hermétiquement. Qu'on chauffe alors, et le vase sera brisé, si le bouchon ferme bien.

Les gaz se dilatent sous l'action de la chaleur. — La dilatation des gaz est beaucoup plus grande encore que celle des liquides. Un litre d'air, sorti de la glace pour être transporté dans l'eau bouillante, éprouverait une augmentation de volume de 366 centimètres cubes, plus du tiers de sa valeur primitive. Dans les mêmes circonstances, un litre d'eau se dilate de 43 centimètres cubes.

Prenons un vase à long col, B, semblable à celui qui nous a servi à montrer la dilatation des liquides. Enlevons

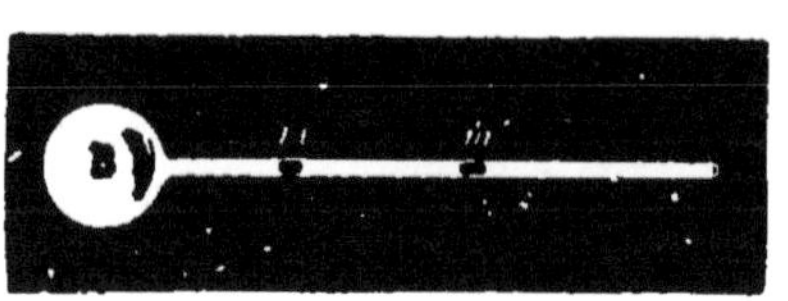

Les gaz se dilatent quand on les chauffe.

l'eau qui le remplissait, de manière à laisser seulement un petit index liquide dans le goulot; il suffit de chauffer le vase avec la main, pour voir l'index s'avancer de m' en m' par suite de la dilatation de l'air intérieur.

Voici maintenant une vessie à moitié dégonflée, dont on a exactement fermé l'ouverture. On l'approche du feu : elle se gonfle de plus en plus, comme si l'on avait introduit à l'intérieur une nouvelle quantité d'air. On la retire du feu : elle reprend, en se refroidissant, son aspect primitif.

Un gaz un peu fortement chauffé ne tarde pas à doubler de volume : son volume était d'un litre, il est maintenant de deux. Chaque litre de gaz est devenu, par conséquent, deux fois moins lourd : *un gaz que l'on chauffe devient plus léger*. Voilà pourquoi la fumée, qui n'est autre chose que de l'air noirci par de la poussière de charbon, s'élève dans l'air froid. Relisez maintenant la leçon XXVIII du *Cours élémentaire* (p. 76) : vous comprendrez plus aisément comment se produit la ventilation et le tirage des cheminées.

Vous comprenez aussi pourquoi on a pu gonfler des ballons avec de l'air chaud; mais dès que l'air se sera refroidi, le ballon redescendra.

Avez-vous quelquefois remarqué, en été, à la surface des plaines chauffées par le soleil, une sorte de mouvement d'une matière invisible? Ce mouvement est produit par l'air, qui, échauffé par son contact avec le sol brûlant, devient plus léger et s'élève, pour être remplacé par de l'air moins chaud.

Le thermomètre. — Le *thermomètre* est un instrument destiné à nous renseigner, plus exactement que ne peuvent le faire nos sensations, sur le froid et le chaud.

Il est fondé sur la dilatation des corps par la chaleur. Nous savons qu'un corps augmente d'autant plus de volume, qu'on le chauffe davantage; nous pourrons donc dire, sans crainte de nous tromper, que ce corps est plus chaud aujourd'hui qu'hier, s'il a un volume plus grand aujourd'hui qu'hier. Nous dirons aussi que l'eau de ce vase est plus chaude que l'eau de cet autre vase, si un corps plongé dans la première eau prend un volume plus grand que lorsqu'on le plonge dans la seconde.

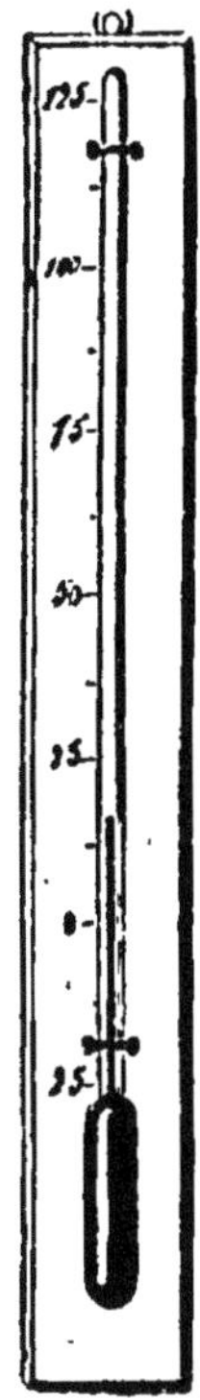

Le thermomètre le plus employé se compose d'un petit réservoir de verre surmonté d'un tube long et très fin. Du mercure remplit le réservoir et une portion du tube. Après avoir introduit le mercure, on a fermé l'extrémité du tube en la fondant au feu, de manière à empêcher les poussières de l'atmosphère de tomber à l'intérieur.

Transportons cet appareil si simple d'une chambre dans une autre : le mercure qu'il renferme s'élève-t-il dans le tube, nous pouvons affirmer que la seconde chambre est plus chaude que la première; s'il s'abaisse, au contraire, c'est que la seconde chambre est plus froide que la première.

Le thermomètre indique la température par la dilatation du liquide qu'il renferme.

Les nombres qui sont marqués sur la tige du thermomètre se nomment les *degrés de la température*. Pour que les différents thermomètres s'accordent entre eux et marquent les mêmes températures quand ils sont placés dans les mêmes conditions, il faut qu'ils soient tous gradués de la même manière.

Voici comment on est convenu d'opérer :

On plonge d'abord le thermomètre dans de la glace qui se fond; on reconnaît aisément que le mercure s'arrête alors en un point fixe, toujours le même pour un thermomètre

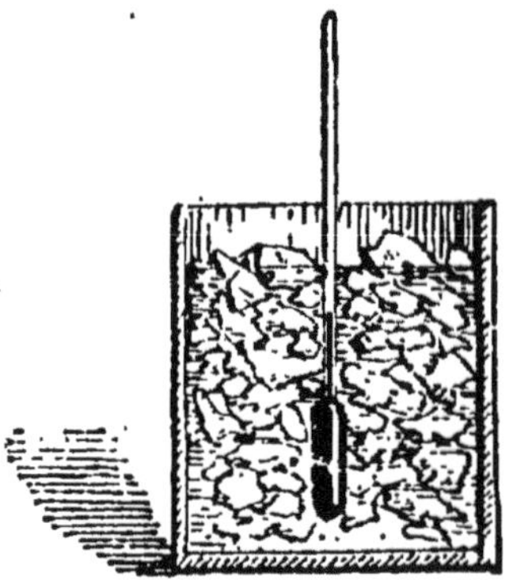

On détermine le point 0 du thermomètre en le plongeant dans la glace fondante.

On détermine le point 100 degrés du thermomètre en le plongeant dans la vapeur d'eau bouillante.

donné. A ce point on marque 0 : on a ce qu'on nomme le point zéro du thermomètre.

On le transporte alors dans la vapeur d'eau bouillante. Au point, fixe aussi, auquel s'arrête le mercure, on marque 100. On a le point 100 du thermomètre.

L'espace compris entre 0 et 100 est divisé en 100 parties égales, et les divisions sont prolongées de la même manière au-dessus de 100 degrés[1] et au-dessous de 0. On a ainsi ce qu'on nomme les *degrés centigrades*, et le thermomètre gradué de cette manière est le thermomètre *centigrade*, le seul employé actuellement en France.

Quand le mercure s'arrête en face de la division 25 au-dessus de zéro, on dit que la température est de 25 degrés au-dessus de zéro. Quand il s'arrête en face de la division 9 au-dessous de zéro, on dit que la température est de 9 degrés au-dessous de zéro.

Dans les thermomètres on remplace souvent le mercure par de l'alcool, qu'on a coloré en rouge pour le rendre plus visible ; mais l'instrument est alors moins précis.

1. Pour abréger, au lieu d'écrire le mot degrés, on place, après le chiffre, un *o* supérieur, et on écrit 0°, 1°, 3°, 100°, etc.

Devoirs écrits. — Imaginer et construire de petits instruments destinés à montrer que les solides, les liquides et les gaz se dilatent sous l'action de la chaleur. — Indiquer quels phénomènes naturels et quelles pratiques usuelles peuvent être expliqués par la dilatation des corps. — Dire ce que c'est qu'un thermomètre; comment est gradué le thermomètre?

V. — LIQUÉFACTION ET SOLIDIFICATION.

Les corps solides fondent sous l'action de la chaleur. — Beaucoup de corps deviennent liquides quand on les chauffe : la glace, le beurre, la cire, le fer, le verre, etc., sont dans ce cas; le phénomène qui se produit alors se nomme *fusion* : on dit que le corps *fond*.

Les différents corps fondent à des températures bien différentes : la glace fond en hiver à la chaleur de nos appartements; vous voyez que le plomb devient liquide quand on le met dans la flamme d'une bougie; le fer résiste au feu de forge le plus violent.

Mais, au contraire, chaque corps a un point de fusion invariable. *Un corps commence toujours à fondre à la même température, et cette température demeure stationnaire pendant tout le temps que dure la fusion.*

On a beau chauffer de la glace, sa température ne s'élève jamais au-dessus de 0 degré.

Ainsi, entourons de glace bien froide la boule d'un thermomètre; la température sera d'abord de 5, 6, 10 degrés au-dessous de zéro. La chaleur de l'appartement l'élève peu à peu, et, au bout de quelques minutes, le thermomètre marque 0 degré. A ce moment, l'eau résultant de la fusion commence à couler. A partir de ce moment aussi la température du thermomètre cesse de s'élever; elle demeure stationnaire à 0°, comme si la chaleur cessait de passer de l'air dans la glace. Bien plus, nous pouvons mettre notre vase sur le feu sans que la température s'élève ; la glace fond plus vite, et c'est tout. Mais quand le dernier morceau de glace aura été réduit en eau, le thermomètre reprendra sa marche, et l'eau s'échauffera de plus en plus.

Il en est de même de tous les solides. Dès que la fusion est commencée, l'action du feu cesse d'élever la température : elle ne fait qu'activer plus ou moins la rapidité de la fusion.

Voici les températures de fusion de quelques corps, pris parmi les plus usuels :

Glace, 0° ; bougie, 70° ; soufre, 110° ; étain, 228° ; plomb, 334° ; argent, 1000° ; or, 1250° ; fer, 1500°.

Corps non fusibles et corps qui deviennent pâteux. — Certains corps, au lieu d'être fondus par la chaleur, sont détruits, quand on les chauffe à une certaine température ; cela arrive pour le marbre, le bois, le pain, la viande.

D'autres ne se détruisent pas, mais résistent à l'action de la chaleur et restent solides. Ces corps-là sont dits *infusibles*. Leur nombre n'est pas très considérable. Le charbon, la chaux, ont résisté jusqu'à ce jour à toutes les températures auxquelles on a pu les soumettre.

Enfin il existe des corps qui, au lieu de passer brusquement de l'état solide à l'état liquide, comme le fait sous vos yeux ce morceau de glace, comme le font aussi le soufre, le plomb et tant d'autres, se ramollissent peu à peu, sans qu'on puisse dire à quel moment précis ils ont cessé d'être solides pour devenir liquides. Tels sont le beurre, la cire, le verre, le fer.... On dit que ces corps, alors qu'ils ne sont plus ni liquides ni solides, sont *pâteux*.

Solidification. — Un corps solide ayant été fondu par la chaleur, il suffira de le laisser refroidir pour qu'il reprenne son état primitif. Ce passage inverse de l'état liquide à l'état solide est la *solidification*.

Quand un liquide se refroidit, il commence toujours à se solidifier à la même température, et sa température de-

meure stationnaire tant que dure la solidification. Cette température fixe de la solidification est justement la même que la température de fusion. Ainsi la glace fond à 0°, l'eau se congèle de même à 0°; le plomb fond à 334°, le plomb fondu se solidifie à 334°.

Il existe beaucoup de corps qui sont liquides à la température ordinaire de l'air; leur état habituel est l'état liquide. L'eau, le mercure, sont dans ce cas. Mais il suffit de les refroidir pour obtenir leur solidification : l'eau se congèle à 0', le mercure à — 40°[1].

Certains liquides, pourtant, n'ont pas pu être solidifiés. L'alcool, le sulfure de carbone, sont encore liquides à la température de 140 degrés au-dessous de zéro, la plus froide que l'on ait jamais pu obtenir.

Cristallisation. — Une particularité importante que présente la solidification des liquides est celle de la *cristallisation*.

On dit qu'un solide est cristallisé lorsqu'il est formé de morceaux présentant des formes géométriques régulières, à arêtes vives et à angles saillants; chaque partie du corps cristallisé se nomme cristal. Qui ne connaît le cristal de roche? Qui n'a remarqué, à la devanture des boutiques des pharmaciens et des droguistes, ces beaux blocs de cristaux bleus, verts, rouges? Eh bien, lorsqu'un liquide se solidifie lente-

Un corps est cristallisé, quand il est formé de morceaux présentant des formes régulières à arêtes vives.

1. Pour abréger, on est convenu de désigner *ainsi* les degrés *au-dessous* de 0°.

ment, sans agitation, il lui arrive souvent de donner naissance à des cristaux analogues à ceux-là. Le soufre, les métaux fondus, cristallisent souvent en se solidifiant.

Les *fleurs de la neige*, ces magnifiques agglomérations de très petits cristaux, se forment au moment de la solidification de l'eau.

Dissolution et saturation. — Un morceau de sucre jeté dans l'eau y disparaît bientôt entièrement, il se distribue uniformément dans toute la masse : on dit qu'il s'est *dissous* dans l'eau, et le phénomène produit prend le nom de *dissolution*.

Un grand nombre d'autres corps, le *sel*, le *salpêtre*.... peuvent de la même manière se dissoudre dans l'eau, en donnant au liquide leur saveur particulière, ou leur odeur, s'ils en ont une.

La dissolution est une véritable *liquéfaction*, analogue à la fusion obtenue par l'action de la chaleur.

Du reste, la quantité d'un corps solide qui peut ainsi se dissoudre dans l'eau n'est pas indéfinie. Dans un litre d'eau froide on ne peut dissoudre que 360 grammes de sel ; on en dissoudrait un peu plus dans un litre d'eau bouillante. Dans un litre d'eau froide on ne peut dissoudre que 140 grammes de salpêtre ; on en dissoudrait plus de 3 kilogrammes dans un litre d'eau bouillante.

Les corps sont donc généralement plus solubles dans l'eau chaude que dans l'eau froide.

Quand un liquide renferme toute la proportion de solide qu'il est capable de dissoudre à la température à laquelle il se trouve, la dissolution est dite *saturée*. Si alors on laisse refroidir le liquide, toute la matière dissoute ne peut pas rester dans le liquide : elle se solidifie en *cristallisant*. C'est ainsi que je fais cristalliser devant vous ce *vitriol bleu*, qu'on trouve chez tous les droguistes, parce qu'il est fort employé des teinturiers, pour teindre en noir.

Nous pouvons encore opérer autrement. Dans 100 grammes d'eau je mets 30 grammes de *vitriol bleu* ; j'abandonne le mélange à lui-même pendant une heure, en l'agitant à plusieurs reprises, et je filtre. Nous avons ainsi une dissolution saturée de vitriol, bien limpide et d'un beau bleu. Nous allons maintenant abandonner cette dissolution à une évaporation lente : vous verrez, dans quelques jours, le vitriol se déposer en *cristaux* au fond du vase. C'est que, à mesure que la quantité de liquide

Une dissolution chaude de vitriol bleu donne des cristaux par refroidissement.

diminue, le vitriol, ne pouvant rester en dissolution, se dépose et cristallise. On opère de cette manière pour retirer le sel de l'eau de la mer.

Devoirs écrits. — Indiquer exactement les lois de la liquéfaction des corps solides et de la solidification des liquides. — Qu'est-ce que la cristallisation; par quels procédés peut-on faire cristalliser les corps?

VI. — VAPORISATION ET CONDENSATION.

Les liquides se vaporisent sous l'action de la chaleur. — Sous l'influence de la chaleur, la plupart des liquides peuvent prendre l'état gazeux. Les gaz obtenus au moyen des corps qui, dans les circonstances ordinaires, sont à l'état liquide, sont appelés *vapeurs*.

Dans ce vase j'ai mis de l'eau; je chauffe sur le feu : dans un instant il n'y aura plus d'eau. Le liquide se sera répandu dans l'air à l'état de *vapeur*.

Il y a des corps qui n'ont pas pu être vaporisés, soit qu'on n'ait pu les chauffer à une température assez élevée,

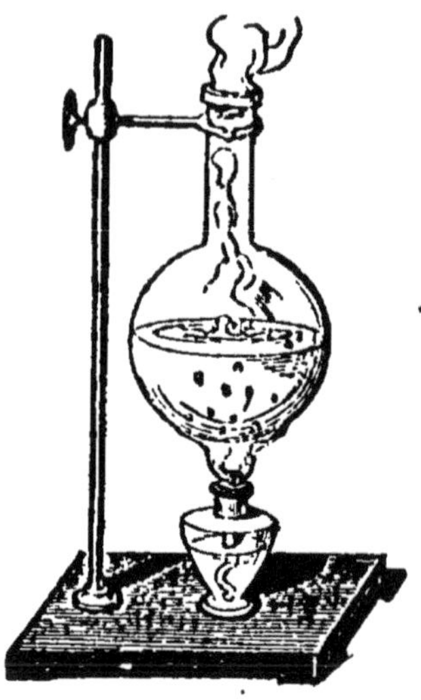

L'eau bout toujours à la température de 100°, sous la pression atmosphérique de 76 centimètres.

soit qu'ils se détruisent sous l'action de la chaleur, comme le sucre.

La *vaporisation* d'un liquide peut se faire doucement, sans l'intervention directe de la chaleur : on dit alors qu'il y a *évaporation*. Elle peut aussi se faire rapidement, tumultueusement, dans un liquide chauffé : c'est ce qu'on appelle *ébullition*.

Ébullition. — Mettons de l'eau sur le feu, elle s'échauffe progressivement. Quand le thermomètre marque 100 degrés, nous voyons des bulles se former au fond du vase, grossir rapidement, se détacher, puis aller crever à la surface. Il s'en forme sans cesse de nouvelles, qui se conduisent comme les premières et s'échappent en agitant tumultueusement le liquide. C'est l'*ébullition* : l'eau bout.

L'ébullition présente un caractère remarquable : *pour chaque liquide, elle commence toujours à la même température, et, pendant toute la durée de l'ébullition, la température du liquide demeure constante.*

Ainsi, l'éther bout à 36°, l'alcool à 79°, et l'eau à 100°. Pendant toute la durée de l'ébullition, la température de l'eau bouillante est de 100° : l'eau qui bout fort n'est pas plus chaude que celle qui bout doucement.

Influence de la pression sur la température d'ébullition. — Retenez bien, cependant, que la température d'ébullition dépend de la valeur de la pression atmosphérique mesurée avec le baromètre.

A Briançon, à une hauteur de 1 320 mètres au-dessus du niveau de la mer, la hauteur du mercure soulevé dans le baromètre n'est que de 646 millimètres ; l'eau bout à la

température de 95°. A Ançomarca (Pérou), à une hauteur
de 4 330 mètres, la pression atmosphérique est de 451
millimètres seulement : l'eau y bout à la température
de 86°.

Donc : *à mesure que la pression exercée par l'atmosphère
diminue, la température d'ébullition des liquides s'abaisse.*
Je veux vous le montrer, sans avoir besoin d'aller à
Briançon ou à Ancomarca, par une expérience bien
simple.

Un ballon à long col est à moitié plein d'eau ; faisons-la
bouillir pendant un quart d'heure, de façon que la vapeur
ait chassé complètement
l'air du ballon. A ce mo-
ment, enlevons le feu et
fermons le ballon immé-
diatement avec un bon
bouchon. Pour que nous
soyons certains que l'air
ne rentrera pas, retour-
nons le ballon, en plon-
geant l'ouverture dans
l'eau d'un verre, V.

En B, au-dessus du li-
quide, il y a de la vapeur
d'eau qui exerce sur la liquide une pression assez
forte pour l'empêcher de
bouillir. Refroidissons
avec de l'eau froide : la
vapeur se condensera en
partie, il se fera un vide

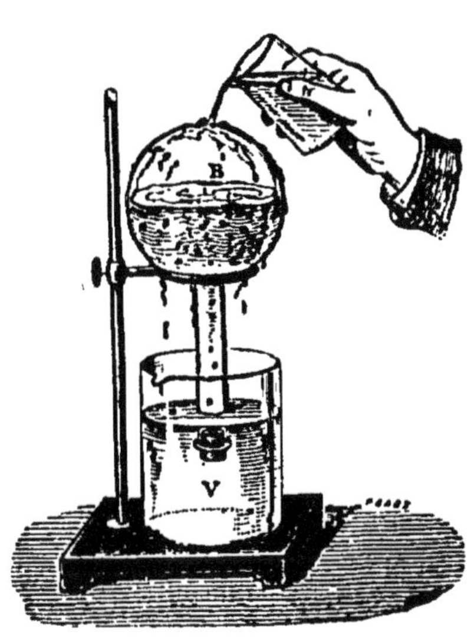

Quand la pression exercée à la surface du
liquide diminue, le liquide bout à une
température moins élevée.

partiel au-dessus du liquide, qui se mettra à bouillir pendant quelques instants. Il sera facile de faire recommencer
l'ébullition à plusieurs reprises, jusqu'à ce que l'eau du
ballon soit devenue tout à fait froide.

L'ébullition ne se produit pas en vase clos. — La température d'ébullition s'élève, au contraire, à mesure que la

pression exercée sur le liquide augmente. Si l'on veut faire bouillir de l'eau en la chauffant en vase clos, la vapeur produite, ne pouvant s'échapper, restera au-dessus du liquide, accroîtra la pression et empêchera l'ébullition. Un liquide ne peut donc pas bouillir lorsqu'on le chauffe en vase clos, et il peut atteindre dans ces conditions une température bien supérieure à sa température ordinaire d'ébullition dans l'air.

Condensation des vapeurs. — Lorsqu'on comprime ou qu'on refroidit la vapeur produite par l'ébullition d'un liquide, elle reprend son état primitif, elle se *condense.* Le liquide est ainsi reformé, et se dépose sur les parois du vase dans lequel la vapeur était enfermée.

Voyez cette eau en pleine ébullition ; un nuage se forme au-dessus du liquide, à une certaine hauteur. Ce nuage n'est pas formé de vapeur, car la vapeur est invisible, mais d'eau à l'état de petites gouttelettes. C'est le contact de l'air froid qui a déterminé la *condensation*. La conden-

La vapeur de l'eau bouillante se condense au contact d'une assiette froide.

sation se produit encore mieux sur une assiette froide placée au-dessus de notre liquide en ébullition.

7.

Distillation. — Quand un liquide est impur, qu'il contient des solides en dissolution, comme cela arrive à toutes les eaux qui sont à la surface du globe, on peut le purifier en le faisant bouillir. Le liquide pur sort seul du vase, laissant là les impuretés. En condensant alors la vapeur par refroidissement, on a le liquide pur, qu'on nomme *distillé*.

La distillation se fait le plus souvent dans un appareil nommé *alambic*. Le vase C, dans lequel on met le liquide,

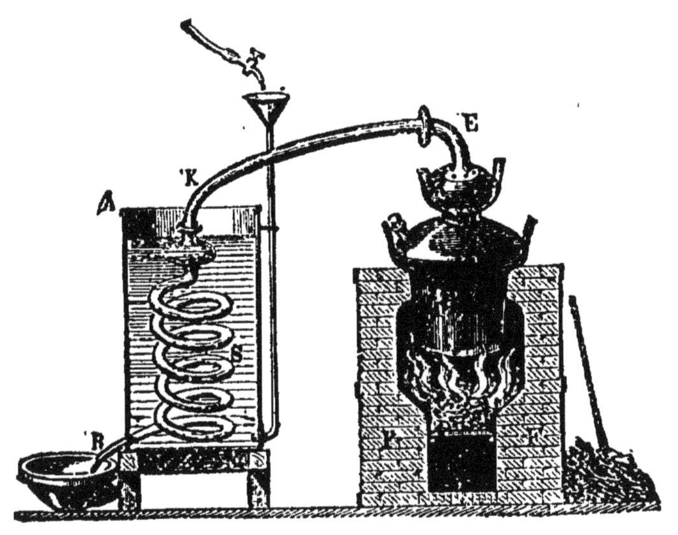

Alambic pour la distillation des liquides.

est la *chaudière*. Le tuyau EKS, par lequel s'échappe la vapeur, est appelé *réfrigérant*, parce que c'est dans ce tuyau même que la vapeur sera refroidie et condensée par l'eau froide du vase A, sans cesse renouvelée. Le liquide distillé est recueilli à l'extrémité inférieure R du réfrigérant.

On prépare avec l'alambic l'eau distillée dont on a besoin chez les pharmaciens. On l'utilise encore plus souvent pour séparer les uns des autres des liquides qui étaient mélangés. Mettons dans l'alambic un mélange d'eau, qui bout à 100°, et d'alcool, qui bout à 79°, et chauffons douc·ment. La température s'élève jusqu'à 70°, et alors l'alcool passe à la distillation, entraînant seulement un peu d'eau. C'est par ce procédé qu'on extrait l'alcool du vin et du jus fermenté de la betterave.

Évaporation. — Les liquides peuvent aussi se volatiliser par *évaporation*. Dans ce cas, c'est à la surface du liquide, et non au fond que se forme la vapeur. L'évaporation se fait doucement, lentement, sans agitation du liquide, sans qu'on voie les bulles de vapeur. Un plat rempli d'eau est abandonné à l'air; au bout de quelques jours il est vide; l'eau s'est évaporée.

L'évaporation ne se produit pas, comme l'ébullition, à une température fixe; elle a lieu à toutes les températures. Cependant elle est d'autant plus rapide, que la température est plus élevée.

L'évaporation répand constamment dans l'air une grande quantité de vapeur d'eau. Quand l'air est sec, l'évaporation est rapide; quand l'air est humide, l'évaporation est lente.

L'agitation de l'air, le vent, qui enlève à chaque instant l'air humide qui est au-dessus de l'eau pour le remplacer par de l'air plus sec, favorisent l'évaporation.

L'évaporation sera aussi d'autant plus rapide, qu'elle aura lieu sur une surface plus étendue [1].

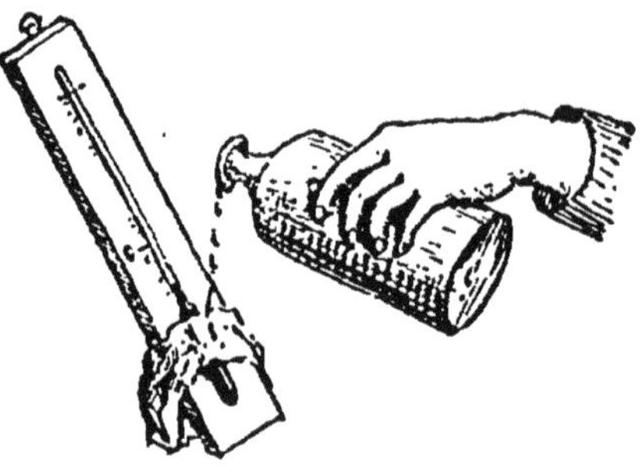
L'évaporation de l'éther produit un grand froid.

Froid produit par l'évaporation. — Tout liquide qui s'évapore produit un abaissement de température. Le refroidissement est d'autant plus sensible, que l'évaporation est plus rapide.

1. Revoir, à propos de la vapeur d'eau atmosphérique, les leçons XXIV (p. 65) et XXV (p. 68) du *Cours élémentaire*.

Entourons la boule de notre thermomètre avec de la ouate que nous arroserons d'éther : nous voyons la température s'abaisser, par suite de l'évaporation, à 10 degrés au-dessous de zéro. En nous servant d'eau, nous obtenons aussi un abaissement de température, mais bien moindre, parce que l'évaporation de l'eau est moins rapide que celle de l'éther. De là la pratique très répandue de se mouiller en été les mains et le visage pour les rafraîchir : c'est l'évaporation de l'eau qui produit cet effet.

Qu'on enferme de l'eau dans un vase poreux, à travers les parois duquel elle puisse lentement suinter. Cette eau s'évaporera constamment à la surface du vase, rafraîchissant rapidement celle qui reste à l'intérieur. Ces vases sont les *alcarazas*.

La sueur qui nous couvre pendant l'été nous rafraîchit en s'évaporant. Sans elle, la température de notre corps s'élèverait progressivement; ce qui ne tarderait pas à occasionner notre mort.

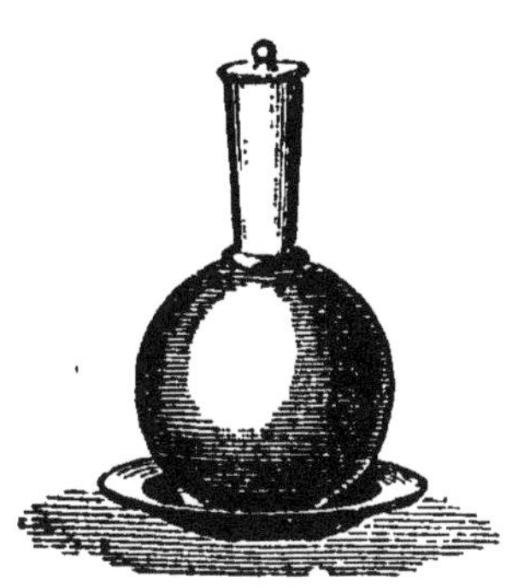

L'évaporation de l'eau à la surface d'un alcarazas rafraîchit le liquide intérieur.

En se mouillant le doigt avec de l'eau, on peut l'enfoncer sans danger dans du plomb fondu. La vapeur qui se forme empêche le plomb de toucher le doigt et de le brûler. Il est clair que l'expérience ne doit pas être prolongée trop longtemps.

Principe de la machine à vapeur. — Quand on chauffe de l'eau en vase clos, sa température peut s'élever beaucoup au-dessus de 100 degrés; car, dans ces conditions, l'eau ne peut pas bouillir. Mais, à mesure que l'on chauffe davantage, la petite quantité de vapeur qui a pris naissance au-dessus de la surface du liquide exerce sur les parois du vase une pression croissante. Cette pression atteint et dépasse aisément 10, 15, 20 kilogrammes par centimètre carré ; elle devient suffisante, si l'on chauffe de plus en plus, pour faire éclater le vase, si résistant qu'il soit.

Mais quand on chauffe avec modération, cette pression de la vapeur, loin de devenir dangereuse, peut être utilisée pour produire du travail dans des appareils nommés *machines à vapeur*.

Histoire de la machine à vapeur. — La première machine à vapeur qui ait réellement fonctionné a été imaginée et construite en 1690 par Denis Papin, savant médecin de Blois. Cette immense découverte allait changer la face du monde : aussi toutes les nations doivent-elles à son auteur une éternelle reconnaissance. La machine à vapeur de Papin était bien imparfaite ; depuis bientôt deux cents ans qu'elle a été construite, elle a été successivement rendue meilleure. La plupart de ses perfectionnements sont dus à James Watt (1736-1819), un des plus grands hommes dont puisse s'enorgueillir l'Angleterre.

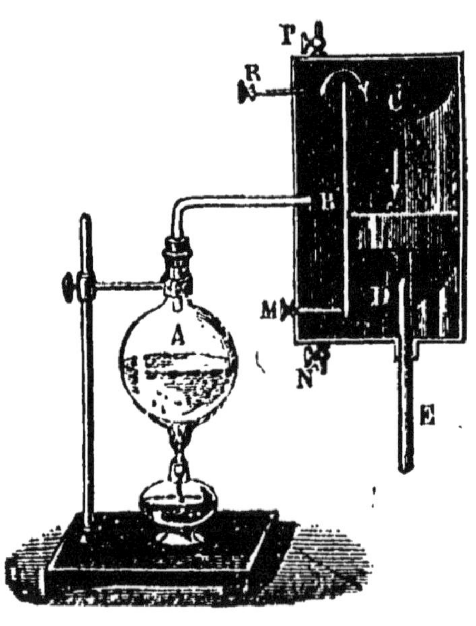

La force expansive de la vapeur fait alternativement monter et descendre le piston.

Description sommaire d'une machine à vapeur.—Un vase A, à moitié plein d'eau, produit de la vapeur, qui se rend dans une boîte B, fermée par deux robinets, R et M. A côté de la boîte B se trouve un cylindre CD, séparé en deux compartiments par un piston qui peut monter ou descendre dans l'intérieur du cylindre. Chacun des compartiments du cylindre peut être mis en communication avec la boîte B, au moyen des robinets R et M, ou avec l'extérieur, au moyen des robinets P et N.

Supposons d'abord les quatre robinets fermés : la vapeur, renfermée dans un espace clos, va acquérir une grande pression. Ouvrons R : elle se précipite avec force, remplit la partie supérieure C du cylindre, exerce sur le piston, qui est mobile, une poussée considérable et le repousse. Pour que l'air qui se trouve en D ne s'oppose pas à la descente, ouvrons le robinet N. L'air refoulé sort par ce robinet, et le piston s'abaisse. Si la pression de la vapeur surpasse la pression atmosphérique de 5 kilogrammes par centimètre carré, et que le piston ait 500 centimètres carrés de surface, il sera capable de vaincre, en s'abaissant, une résistance de 5×500 ou 2500 kilogrammes. Ceci montre que la force d'une machine à vapeur est d'autant plus grande, que la pression est plus forte et que la surface du piston est plus grande.

Le piston est maintenant en bas de sa course. Fermons R et N, ouvrons M et P : la vapeur va passer au-dessous du piston, le soulever avec une force de 2500 kilogr., pendant que la vapeur, qui était en C, se perdra dans l'air par le robinet P. Chaque fois que l'on recommencera cette manœuvre, on fera alternativement monter et descendre le piston, pourvu que le vase A fournisse toujours assez de vapeur pour que la pression ne s'abaisse pas.

Telle est la disposition générale de toutes les machines à vapeur. Le vase A, où se produit la vapeur, est la *chaudière*; la boîte B, qui distribue la vapeur, et le cylindre constituent le *mécanisme moteur*; enfin, les pièces métalliques qui font communiquer la tige E du piston avec les appareils dans lesquels sera employée la force de la machine se nomment le *mécanisme de transmission*.

La disposition des machines à vapeur est très variable. — Toutes les machines à vapeur possèdent une *chaudière*, un *mécanisme moteur* et un *mécanisme de transmission*. Mais, dans toutes les machines, ces organes essentiels n'ont pas la même disposition.

La chaudière d'une machine à vapeur porte divers organes accessoires destinés
à en régulariser le fonctionnement. — F, foyer; A, cheminée; R, registre;
CD, chaudière; BB, bouilleurs; E, tuyau alimentant d'eau la chaudière;
I, tube indicateur; *abc*, flotteur indicateur; *mon*, flotteur d'alarme; S, sou-
pape de sûreté; V, tuyau conduisant la vapeur au cylindre; H, trou d'homme.

Le mécanisme moteur de la machine à vapeur est disposé de manière à fonctionner seul, sans qu'on ait aucun robinet à ouvrir ni à fermer. — A, conduit de
la vapeur au cylindre; C, cylindre; P, piston; B, bielle; M, manivelle; V, vo-
lant; P, pompe alimentaire de la chaudière; P', pompe aspirante du réservoir
à eau froide; RR', axe mettant en mouvement les pompes; E, conduit de la
vapeur au réservoir et au dehors.

Souvent la chaudière est tout à fait séparée du mécanisme moteur ; d'autres fois le mécanisme moteur est fixé sur la chaudière elle-même. Les robinets destinés à diriger la vapeur tantôt au-dessus, tantôt au-dessous du piston, n'existent pas en réalité : ils sont remplacés par des organes que la machine elle-même met en mouvement, de telle sorte que la distribution de la vapeur se fait d'elle-même, sans l'intervention du mécanicien.

Dans la *locomotive*, la plus importante de toutes les machines à vapeur, la chaudière est constituée par un grand

Dans la locomotive le mécanisme moteur est porté sur la chaudière. Il fait tourner les roues et avancer la machine.

cylindre de tôle ; le mécanisme moteur est double, et situé à droite et à gauche de la chaudière ; le mécanisme de transmission est organisé de manière à faire tourner les roues.

Toute machine à vapeur est complétée par un grand nombre d'organes accessoires, destinés à en rendre le fonctionnement moins dangereux et plus régulier. Ce sont ces organes accessoires qui rendent la machine si complexe en apparence. Vous apprendrez tous ces détails, si vous pouvez continuer vos études dans une école supérieure.

Devoirs écrits. — Quelle est l'influence de la pression extérieure sur l'ébullition des liquides? — En quoi l'ébullition se distingue-t-elle de l'évaporation. — Décrire et dessiner un appareil à distillation et dire à quoi sert la distillation. — Indiquer le principe de la machine à vapeur.

VII. — CONDUCTIBILITÉ
ET RAYONNEMENT DE LA CHALEUR.

Conductibilité des corps pour la chaleur. — Voici une barre de fer de 0^m,50 de longueur. Plaçons l'une de ses extré-

Quand l'extrémité d'une barre de fer est placée dans le feu, la barre entière s'échauffe.

mités dans le feu, tandis que nous tiendrons l'autre à la main. Nous ne tarderons pas à sentir la barre de fer s'échauffer, et peut-être au bout de quelques instants nous brûlera-t-elle la main.

La chaleur s'est transmise peu à peu, de proche en proche, à travers le fer, de l'extrémité chauffée à celle qui ne l'était pas. On dit que le fer est *bon conducteur de la chaleur*, et la propriété qu'il a de conduire la chaleur se nomme *conductibilité*.

Tous les corps solides ne conduisent pas la chaleur de la même manière. Un morceau de bois, dans les mêmes conditions que notre barre de fer, n'aurait transmis à la main aucune chaleur : le bois est *mauvais conducteur*.

Les métaux sont, de tous les corps, ceux qui conduisent le mieux la chaleur ; l'argent est meilleur conducteur que le cuivre, le cuivre meilleur que le fer. Après les métaux viennent les substances minérales : marbre, porcelaine, pierre, brique, qui conduisent encore un peu la chaleur ; puis, enfin, les substances végétales et animales qui ne la conduisent presque plus : bois, lin, chanvre, soie, laine, plume, poil de lièvre.

Dans ces corps mauvais conducteurs, il y a encore des degrés : les substances végétales conduisent un peu mieux que les substances animales, le chanvre et le coton plus que la laine et le poil.

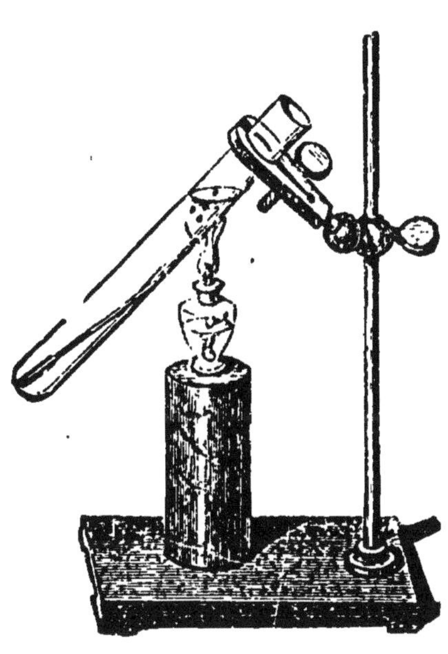

L'eau chauffée à sa partie supérieure ne s'échauffe qu'à sa partie supérieure.

Les liquides et les gaz conduisent très mal la chaleur. — Les liquides conduisent très mal la chaleur. Prenons, pour le démontrer, un long tube de verre plein d'eau, et chauffons-le par la partie supérieure. Un thermomètre plongé au fond n'indiquera aucun élévation de température, même quand l'eau sera en complète ébullition au sommet de la colonne.

Quand on chauffe par sa partie inférieure un vase plein d'eau, le liquide ne s'échauffe pas par conductibilité. Les parties inférieures de l'eau, chauffées par leur contact direct avec le fond, deviennent plus légères et montent, tandis que l'eau froide descend des parties supérieures du vase pour venir s'échauffer à son tour. Il se produit ainsi dans l'eau une circulation continuelle, qui, à la longue, détermine l'échauffement de la masse entière.

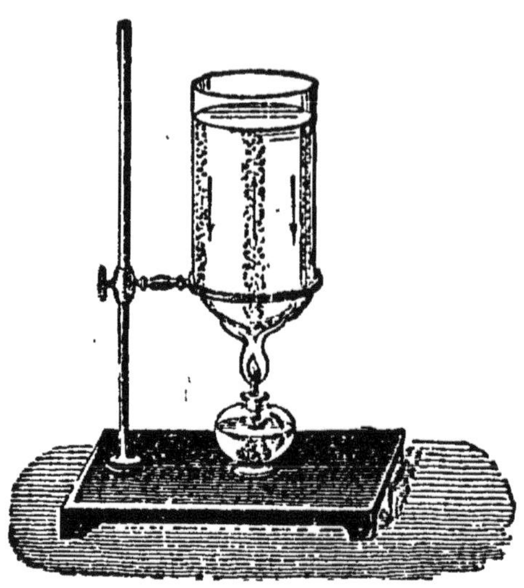

L'eau chauffée à sa partie inférieure s'échauffe dans toute sa masse.

Les gaz conduisent peut-être encore moins bien la chaleur que les liquides.

Applications de la conductibilité. — Le nombre de faits que l'on est en état d'expliquer, quand on connaît la conductibilité des corps pour la chaleur, est extrêmement considérable. Nous allons en passer quelques-uns en revue.

La glace qui recouvre, en hiver, l'eau des fleuves, conduit mal la chaleur; aussi empêche-t-elle la chaleur de l'eau de se perdre à l'extérieur. Voilà pourquoi l'épaisseur de la glace augmente si lentement.

La neige conduit la chaleur plus mal encore : elle conserve donc au sol un peu de chaleur; et les récoltes n'ont rien à craindre de la rigueur de l'hiver, quand elles sont couvertes d'un épais manteau de neige.

Les variations brusques de température sont nuisibles à la santé des animaux et des végétaux. Eh bien, nous voyons précisément que toutes les substances qui constituent les uns et les autres, conduisant extrêmement peu la chaleur, mettent animaux et végétaux à l'abri des pertes ou des gains trop rapides de chaleur.

Les animaux surtout sont admirablement disposés pour conserver la chaleur de leur corps. Celle-ci ne peut pas s'échapper à travers la couche épaisse de poils ou de plumes qui les recouvrent.

Nos vêtements d'hiver doivent agir comme la fourrure des animaux; ils doivent empêcher la chaleur du corps de se perdre à l'extérieur. On les constituera d'une étoffe conduisant la chaleur aussi mal que possible, laine ou fourrure. Les couvertures de laine qui recouvrent nos lits sont les vêtements chauds de la nuit; l'édredon, si léger, oppose, à cause du duvet et de l'air qu'il renferme, un obstacle presque infranchissable à la perte de chaleur.

En été, nous voulons perdre, autant que possible, la chaleur du corps; les vêtements devront être légers, flottants et faits d'une substance conduisant mieux la chaleur que la laine : on prend le lin ou le chanvre.

Les maisons dont les murs sont épais conserveront bien leur chaleur en hiver; en été, elles empêcheront suffisamment la chaleur extérieure de pénétrer. Si, de plus, les murs sont faits d'une substance qui conduise mal, leur action sera plus efficace encore: pour cette raison, la brique est préférable à la pierre, le bois à la brique.

Les corps bons conducteurs semblent, quand ils sont chauds ou froids, plus chauds ou plus froids que s'ils étaient mauvais conducteurs. C'est qu'en effet ils abandonnent plus rapidement leur chaleur à la main qui les touche, ou ils lui prennent plus rapidement la sienne. Les chasseurs ont bien soin, en hiver, de tenir leur fusil par la crosse, et non par le canon.

Ceci nous explique pourquoi, dans les habitations, le carreau est plus froid que le parquet, le parquet plus froid qu'un tapis.

C'est pour se garantir contre la chaleur qu'on fait fréquemment en bois les manches des casseroles, et qu'on enveloppe de paille l'anse des bouilloires.

Quelques expériences amusantes peuvent montrer combien la chaleur se transmet facilement dans les corps conducteurs.

Sur le fond d'une casserole de cuivre, tendons fortement un morceau de toile fine, et sur cette toile posons des charbons bien allumés. La toile ne sera même pas roussie, car la chaleur que le charbon lui communique lui sera à chaque instant enlevée par le cuivre qui est au-dessous.

On peut fondre une balle de plomb en la chauffant dans du papier.

On peut de même fondre une balle de plomb dans une feuille de papier qui la serre étroitement.

Rayonnement de la chaleur. — A une certaine distance de quelques charbons incandescents, d'une lampe allumée, je place ma main étendue : j'éprouve une sensation de chaleur très sensible. La chaleur du foyer a donc été envoyée à distance, *rayonnée* à travers l'air, jusqu'à ma main.

La main, placée à une certaine distance du feu, en sent la chaleur.

La chaleur peut de même se transmettre à travers certains corps solides ou liquides, sans les échauffer sensiblement. La chaleur du soleil pénètre dans nos appartements à travers les vitres des fenêtres.

La quantité de chaleur que rayonnent ainsi les corps chauds autour d'eux est d'autant plus grande, qu'ils sont plus chauds. Cette quantité de chaleur dépend aussi de la nature du corps qui rayonne.

Ainsi, l'argent, le cuivre, le fer polis rayonnent autour d'eux fort peu de chaleur, tandis que le charbon en rayonne beaucoup. On placera donc dans des vases en métal poli les liquides que l'on voudra préserver d'un refroidissement trop rapide. Je mets devant vos yeux deux cafetières de même forme et de même grandeur, toutes les deux remplies d'eau bouillante. L'une de ces cafetières est parfaitement propre, luisante et polie ; l'autre est recouverte de suie. Dans un quart d'heure vous constaterez que l'eau de la première cafetière sera encore très chaude, tandis que celle de la seconde sera presque froide.

Absorption de la chaleur. — Lorsque la chaleur rayonnée par un corps chaud arrive sur les objets voisins, elle les échauffe. Mais tous les objets ne s'échauffent pas également bien sous l'action de la chaleur qu'ils reçoivent.

Plaçons devant le feu les deux cafetières de l'expérience précédente, toutes les deux pleines d'eau froide. La cafetière couverte de suie s'échauffera bien plus vite que l'autre : elle *absorbera* une plus grande partie de la chaleur rayonnée par le foyer.

De même, exposons aux rayons du soleil un morceau d'étoffe noire et un morceau d'étoffe blanche : l'étoffe noire s'échauffera beaucoup plus que la blanche. C'est pour cette raison que les jardiniers peignent souvent en noir les murs le long desquels ils disposent des espaliers. La chaleur du soleil est ainsi fortement absorbée, puis rayonnée sur les fruits. Inversement, les vêtements blancs dont on se couvre en été, surtout dans les pays chauds, garantissent ceux qui les portent contre l'ardeur des rayons du soleil.

Passage de la chaleur à travers les corps. — Certains corps, et surtout les corps transparents, laissent passer une partie de la chaleur qu'un foyer leur envoie par rayonnement.

Ainsi, la chaleur solaire, concentrée, comme vous le

voyez, par une lentille de verre qu'elle traverse, suffit à fondre les métaux et à enflammer les substances combustibles.

Le verre, cependant, ne laisse pas passer la totalité de la chaleur qu'il reçoit. Entre le soleil et vous, placez une plaque de verre, vous ne sentirez plus autant de chaleur; placez mainte-

La chaleur du soleil, concentrée en un point par une lentille, suffit à fondre les métaux.

nant la plaque de verre entre le poêle et vous, il ne vous arrivera plus de chaleur du tout. Le verre se laisse donc plus aisément traverser par la chaleur du soleil, qui est accompagnée de lumière, que par la chaleur *obscure* du poêle.

Ceci nous permet d'expliquer les avantages des serres ou des cloches à melon pour favoriser le développement des plantes qui ont besoin de chaleur. La cloche, posée sur le sol et exposée aux rayons du soleil, laisse entrer la chaleur. Cette chaleur, absorbée par la terre et la plante, détermine sous la cloche une rapide élévation de température; l'effet est d'autant plus marqué, que les objets placés sous la cloche ne rayonnent, malgré leur échauffement, que des rayons obscurs, incapables, par conséquent, de traverser le verre pour se perdre à l'extérieur.

De même, les appartements dont les fenêtres fermées sont tournées du côté du soleil, laissent entrer les rayons calorifiques lumineux, et empêchent de sortir les rayons obscurs. La température s'y élève rapidement.

Devoirs écrits. — Résumer ce que vous savez sur la conductibilité des corps pour la chaleur. — Résumer ce que vous savez sur le rayonnement, l'absorption et le passage de la chaleur à travers les corps.

VIII. — LA LUMIÈRE ET SES EFFETS.

Qu'est-ce que la lumière? — Bien des personnes se figurent que notre œil lance quelque chose vers les objets qu'il regarde, et que de là vient la vision. Il n'est pas besoin d'y réfléchir longtemps pour reconnaître quelle est l'erreur de ceux qui pensent ainsi. Quand le soleil a disparu de l'horizon, nous ne voyons plus les objets, et cependant notre œil est toujours le même. La cause de la vision est donc dans le soleil, ou dans tout autre corps lumineux, et non dans l'œil. La lumière, c'est quelque chose d'extérieur, venant des corps lumineux, qui vient frapper l'œil.

Les chats, qui ont la réputation d'y voir dans l'obscurité, ont tout simplement un œil plus sensible que le nôtre: ils voient encore lorsque la lumière est si faible, que nous ne pouvons plus distinguer les objets; mais, dans l'obscurité complète, ils ne voient plus rien, pas plus que nous.

Corps lumineux, corps éclairés, corps transparents, corps opaques. — Le soleil n'est pas la seule source de lumière que nous connaissions. Les étoiles, les éclairs des orages, la flamme d'une bougie, sont autant de sources de lumière. Tous les corps qui envoient autour d'eux de la lumière sont appelés *corps lumineux.*

Les *corps éclairés* sont ceux qui reçoivent du corps lumineux la lumière qui permet de les voir.

Les corps éclairés sont *transparents* quand ils se laissent librement traverser par la lumière; ils sont *opaques* lorsqu'ils ne se laissent pas traverser par la lumière.

La lumière se propage en ligne droite. — La lumière se meut en ligne droite. Si, entre un corps lumineux et l'œil, on interpose un corps opaque, la lumière est interceptée ; elle ne peut pas faire le tour de l'obstacle.

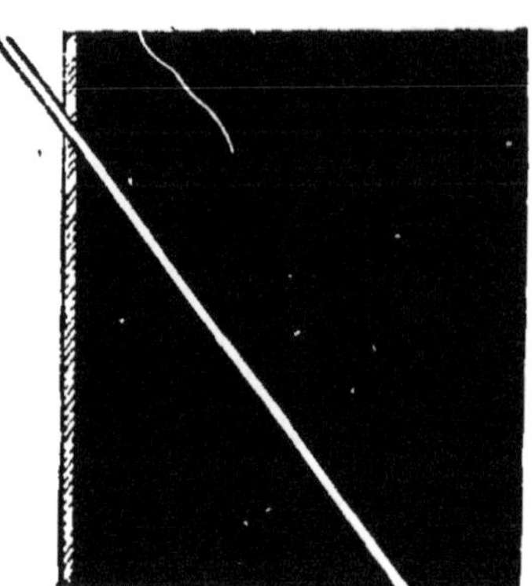
Un faisceau lumineux qui entre dans la chambre noire par une très petite ouverture, la traverse en ligne droite.

Perçons un petit trou dans le volet de notre classe, rendue parfaitement obscure, et laissons-y passer la lumière du soleil : un faisceau lumineux étroit marquera son passage sur la poussière de la chambre, et la trace du faisceau sera parfaitement droite.

Les divers rayons lumineux, partis d'un objet situé au dehors et bien éclairé, passeront ainsi à travers l'ouverture ; ils viendront tracer sur un écran placé dans la classe obscure une image renversée de l'objet. Je fais devant vous cette expérience.

Je puis la répéter encore plus simplement de la manière suivante. A côté d'une bougie allumée dans cette pièce obscure, je place une feuille de carton, MN, dans laquelle j'ai percé un petit trou, O : sur une feuille de papier placée au delà de ce carton, vous voyez l'image renversée de la bougie.

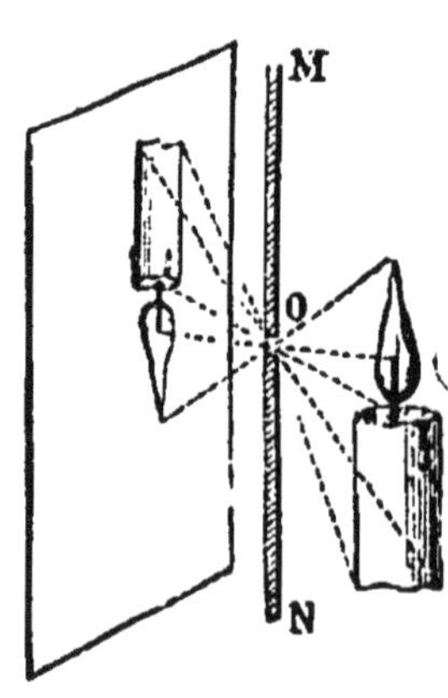
Une bougie étant placée devant une feuille de carton percée d'un petit trou, son image renversée se forme sur une feuille de papier placée de l'autre côté.

8.

L'ombre que vous voyez s'étendre derrière les objets opaques éclairés est due à ce que la lumière, se propageant en ligne droite, ne peut pas faire le tour de l'objet exposé au rayonnement du corps lumineux.

Lumière réfléchie. — Fermons de nouveau les volets de la classe, et laissons seulement pénétrer la lumière par une très petite ouverture. Vous voyez un rayon lumineux traverser la pièce en suivant une ligne droite.

Si je reçois ce rayon sur une surface plane bien polie, telle que la surface d'un miroir, vous le voyez changer de direction. On dit que le rayon a été *réfléchi* par le miroir; sa direction nouvelle fait avec le miroir le même angle que la direction primitive, mais cet angle est situé de l'autre côté.

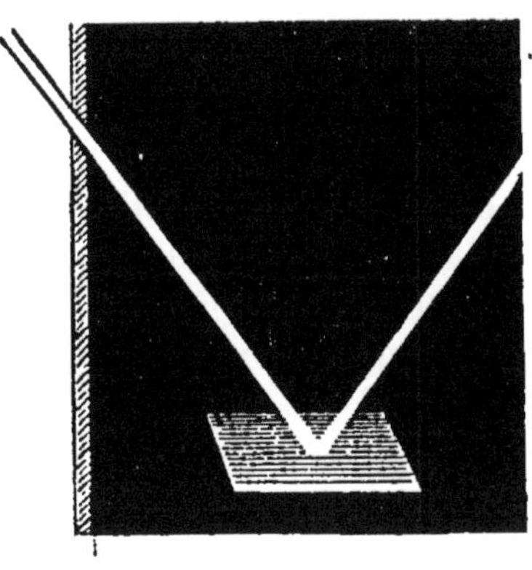

Un faisceau lumineux qui traverse la chambre noire, est réfléchi par le miroir sur lequel il arrive.

Grâce au phénomène de la réflexion on peut employer les miroirs à renvoyer la lumière du soleil dans la direction que l'on veut. Vous savez tous recevoir un rayon de soleil sur une petite glace de poche et le renvoyer, après réflexion, dans la figure du camarade qui se repose à l'ombre.

Formation des images dans les miroirs.—Quand un objet est placé devant un miroir, on voit de l'autre côté une *image* qui reproduit exactement l'objet, sans déformation, et en vraie grandeur. Tâchez de comprendre comment cela peut se faire.

Considérons un point lumineux A placé devant un miroir. Il envoie sur ce miroir un grand nombre de rayons qui sont immédiate-

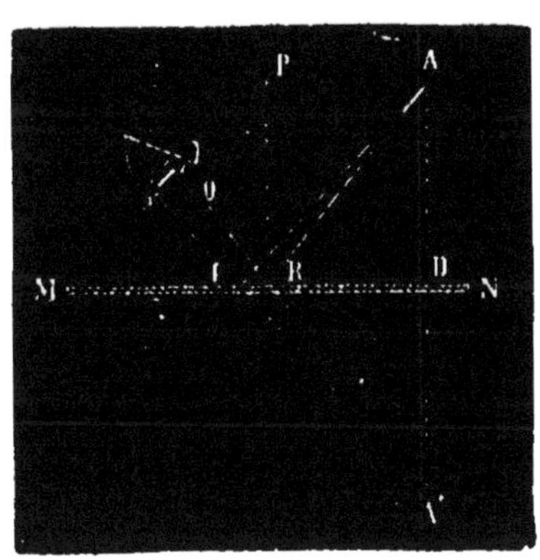

L'observateur placé devant un miroir voit, dans ce miroir, l'image des objets qui l'éclairent. Les rayons partis du point lumineux A se réfléchissent sur le miroir en R et L et pénètrent dans l'œil O, avec la même direction que s'ils provenaient du point A'.

ment réfléchis. Si nous prenons au hasard quelques-uns de ces rayons et que nous tracions la direction dans laquelle ils se réfléchissent, nous verrons qu'ils forment un faisceau qui va s'élargissant à mesure qu'il s'éloigne du miroir.

Prolongeons derrière le miroir les rayons qui constituent ce faisceau ; ces prolongements se rencontrent en un point A', situé symétriquement au point A par rapport au miroir. Les rayons réfléchis ont donc la même direction que s'ils provenaient d'un point lumineux situé en A', et ils produiront sur l'œil qui les reçoit la même impression que si le miroir n'était pas là et qu'il y eut en A' un point lumineux. Voilà pourquoi nous voyons en A' une reproduction, une image du point lumineux A, quoiqu'il n'y ait rien derrière le miroir, pas même de rayons lumineux.

Il serait aisé de répéter pour chaque point d'un objet le raisonnement que nous venons de faire ; ce qui nous montrerait comment se produit l'image d'un objet, de même que nous venons de voir comment se produit l'image d'un point.

Lumière réfractée. — Servons-nous, une fois de plus, du rayon lumineux qui entre par un trou du volet de notre classe obscure. Je le reçois sur un verre plein d'eau ; voyez-le pénétrer dans le liquide, et continuer sa route dans une direction différente de sa direction primitive. On dit que le rayon lumineux s'est *réfracté* en pénétrant dans l'eau, ce qui veut dire qu'il a changé de direction, qu'il a subi une *réfraction*.

La réfraction vous expliqué pourquoi les objets plongés dans l'eau vous

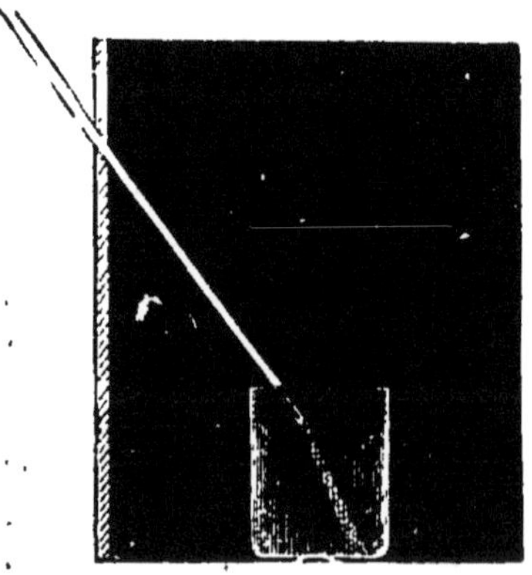

Un faisceau lumineux qui pénètre dans l'eau change de direction à partir de son entrée dans le liquide.

semblent toujours moins profondément enfoncés qu'ils ne sont en réalité; pourquoi votre main, placée sous l'eau, vous semble plus étroite ou plus courte, suivant que vous la placez horizontalement ou verticalement; pourquoi enfin ce bâton, plongé obliquement dans l'eau, vous paraît brisé au point d'immersion.

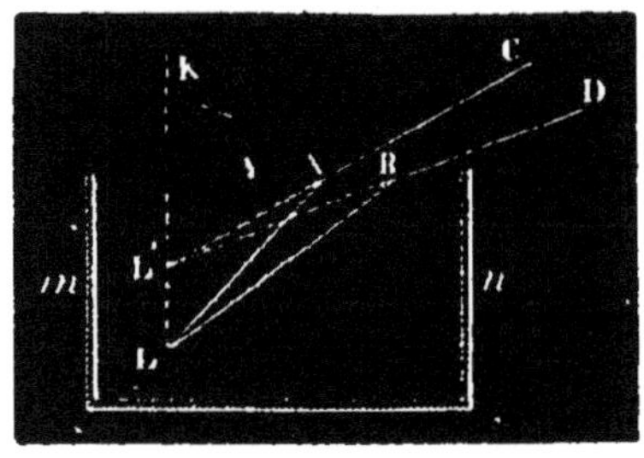

L'ob placé dans l'eau, en L, nous semble placé en L′ par suite de la réfraction. Les rayons LA et LB ont pris, en sortant du liquide, les directions AC et BD, et ils produisent sur l'œil la même impression que s'ils provenaient de L′.

Un bâton nous semble brisé au point où il entre dans l'eau.

Considérez, en effet, un faisceau LAB de rayons lumineux, émanant d'un point L situé sous l'eau : les rayons qui constituent ce faisceau sont déviés à la sortie, de manière à prendre les directions ABCD, plus éloignées de la verticale, K. De sorte que votre œil, placé au-dessus du niveau du liquide, voit l'objet en L′, dans le prolongement des rayons réfractés, au lieu de le voir dans sa position véritable.

Lentilles. — Lorsque la lumière du soleil arrive sur un morceau de verre ayant, comme celui que vous voyez ici, la forme d'une lentille, et que pour cette raison on nomme une *lentille*, ces rayons sont déviés de leur direction première.

Voyez comme ils viennent tous se réunir en un même point : là l'éclairement est plus grand que partout ailleurs. Là se réunit, non seulement toute la lumière qui est arrivée sur la lentille, mais aussi toute la chaleur. En ce point je mets successivement un peu de poudre, un morceau de drap, un morceau de bois : le corps combus-tible ne tarde pas à s'enflammer.

La lumière et la chaleur du soleil, réfractées par une lentille, sont concentrées en un même point.

Ceci vous explique pourquoi on donne quelquefois aux lentilles de verre le nom de *verres ardents*, pourquoi aussi le point où se concentrent la lumière et la chaleur a reçu le nom de *foyer* de la lentille. Avec une grande lentille on peut arriver à fondre le fer, et vous savez que les forgerons, avec leurs feux les plus violents, ne peuvent pas arriver à en faire autant.

Images formées par les lentilles. — La concentration, en un point, de la chaleur et de la lumière du soleil, n'est pas l'effet le plus curieux de la réfraction à travers une lentille.

Fermons une fois de plus les volets de la classe, de manière à produire l'obscurité autour de nous, puis allu-

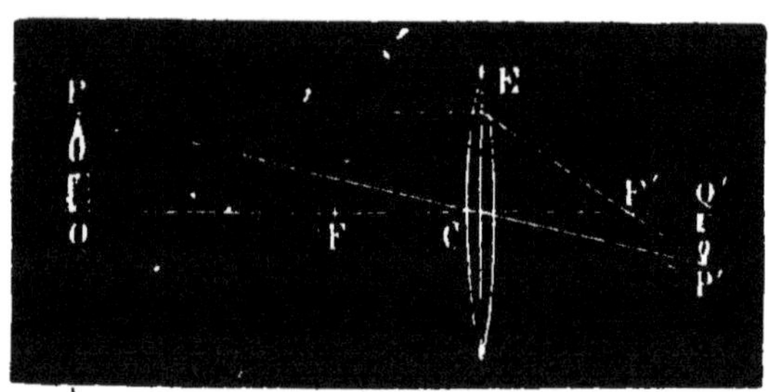

Derrière la lentille se forme l'image renversée de la bougie. Les rayons lumineux partis de P suivant des directions telles que PE et PC vont se réunir, après la réfraction, au point P'.

mons une bougie. Cette bougie étant placée à une certaine distance de la lentille, vous voyez son image, petite et renversée, se peindre sur un écran blanc placé de l'autre côté.

J'approche progressivement la bougie de la lentille, en

éloignant au contraire l'écran de plus en plus ; l'image s'éloigne et devient de plus en plus grande, tout en restant renversée. Maintenant sa hauteur est justement égale à celle de l'objet lui-même. J'approche la bougie encore un peu plus : l'image devient plus grande que l'objet ; enfin, au fur et à mesure que je rapproche davantage la bougie, l'image s'éloigne tellement qu'elle va se poser sur le mur : elle est alors très grande.

Ne reconnaissez-vous pas là la lanterne magique ? Pour que la ressemblance soit plus complète, j'interpose entre la bougie et la lentille un verre peint de lanterne magique : l'image de la bougie disparaît, puisque la bougie est cachée par le verre peint, mais elle est remplacée par l'image du dessin qui orne le verre.

Au fond de la chambre noire des photographes se forme l'image renversée des objets placés devant l'objectif.

Dans la chambre noire des photographes vous verriez de même apparaître l'image des personnes qu'on fait poser ; dans ce cas, l'image est généralement petite, comme était, il y a quelques instants, l'image de notre bougie.

Loupe, microscope et lunettes. — Nous n'en avons pas encore fini avec notre lentille.

Prenez-la, successivement, chacun de vous à son tour, et regardez au travers, en la plaçant à une petite distance de votre livre. Les caractères vous semblent plus gros. La lentille est fréquemment utilisée pour montrer les objets plus gros qu'ils ne sont en réalité, et permettre de les mieux voir dans tous leurs détails. Employée à cet usage, la léntille prend le nom de *loupe*. Vous savez vous servir de la loupe, qui nous a été d'un grand usage, l'année dernière, dans l'étude des plantes.

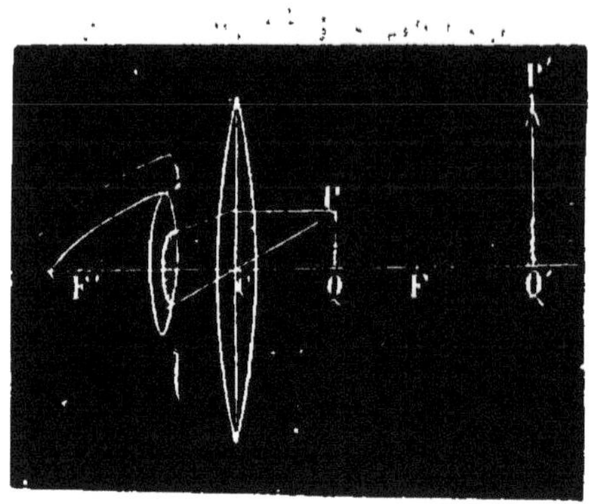

En regardant à travers la loupe, on voit l'image grandie P'Q' du petit objet PQ.

Il y a mieux encore. Deux lentilles, convenablement fixées aux extrémités d'un tube de laiton, donnent un grossissement beaucoup plus fort des objets que l'on regarde. La combinaison de ces deux lentilles constitue le *microscope*, instrument coûteux et d'un usage difficile, dónt la plupart d'entre vous n'auront jamais l'occasion de se servir.

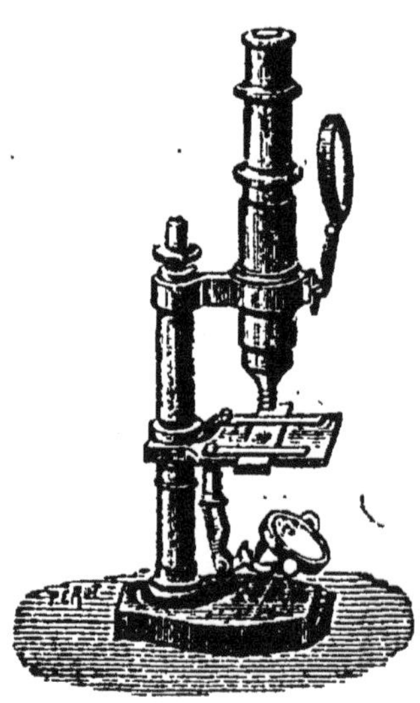

Le microscope permet de voir les objets les plus petits, en les grossissant.

Deux lentilles, disposées d'une autre manière aux extrémités d'un tube de laiton, permettent aussi de regarder les objets situés au loin, et les montrent comme s'ils étaient plus rapprochés. Dans ce cas, la combinaison des deux lentilles se nomme *lunette* : vous connaissez presque tous la *lunette d'approche* et la *lunette de théâtre*, aussi appelée *jumelle*.

Ce sont, enfin, des lentilles qui constituent les lorgnons et les lunettes que se mettent sur le nez les personnes dont la vue est mauvaise.

Que de services nous rend ce petit morceau de verre!

La lunette permet de voir les objets situés très loin, comme s'ils étaient près.

Décomposition de la lumière du soleil. — La réfraction de la lumière à travers les corps transparents produit encore d'autres effets dignes de nous arrêter.

Recevons notre faisceau de lumière, dans la classe obscure, sur l'une des facettes de ce bouchon de carafe. Il n'est pas seulement *dévié* par réfraction, mais encore *décomposé*. Après son passage à travers

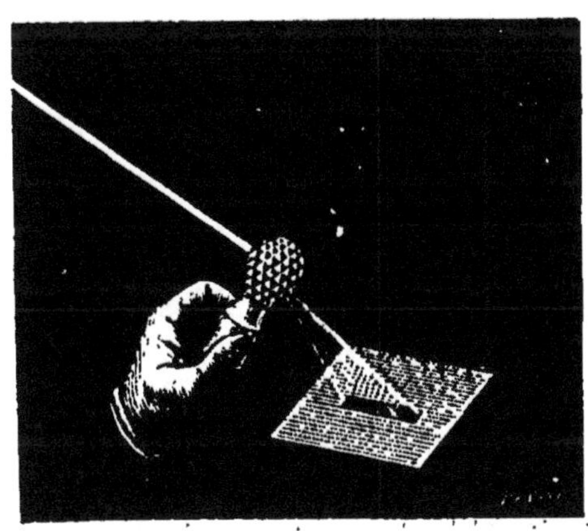

Un faisceau de lumière, traversant un bouchon de carafe, donne sur une feuille de papier une longue trace présentant les couleurs de l'arc-en-ciel.

le bouchon, le faisceau lumineux forme sur une feuille de papier une bande brillante, constituée par des couleurs variées se fondant insensiblement les unes dans les autres. Ces couleurs sont les suivantes : *violet, indigo, bleu, vert, jaune, orangé, rouge.*

La lumière blanche du soleil est donc formée par la superposition de rayons diversement colorés, de même qu'une tresse de cheveux est formée par la réunion d'un grand nombre de cheveux. Les facettes de notre bouchon font comme le peigne ; elles séparent les rayons les uns des autres et permettent de les voir séparément, chacun avec la nuance qui lui est propre.

Recomposition de la lumière blanche. — Et en effet on peut reconstituer la lumière blanche en superposant les couleurs dont elle est formée.

En mélangeant, en proportions convenables, des poudres de diverses couleurs, on obtient une poudre d'un blanc parfait.

Prenons un carton circulaire partagé en secteurs peints avec les couleurs indiquées dans le paragraphe précédent. Quand nous imprimons à ce disque un mouvement de rotation autour de son centre, il nous paraît d'un blanc grisâtre.

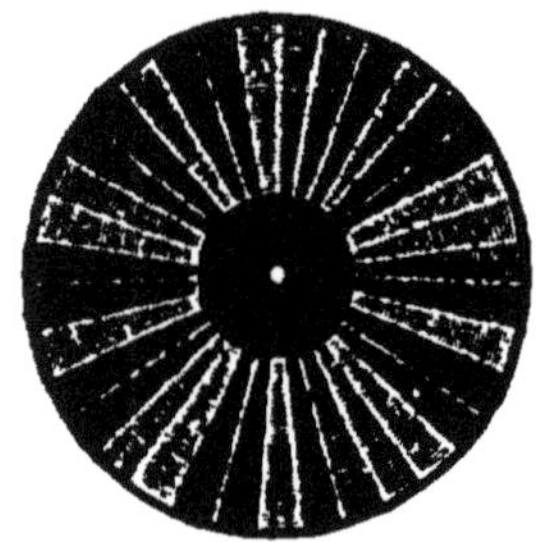

Un disque peint des couleurs de l'arc-en-ciel semble blanc quand on le fait vivement tourner.

Arc-en-ciel. — Vous connaissez tous l'*arc-en-ciel* et ses brillantes couleurs. Elles sont trop semblables aux couleurs dont je viens de vous parler, pour ne pas être produites, elles aussi, par une décomposition de la lumière solaire. L'arc-en-ciel est, en effet, le résultat de la décomposition de la lumière du soleil par les gouttes de pluie.

Les rayons solaires entrent dans les gouttes de pluie, mais y entrent en changeant de direction, se réfléchissent au fond des gouttes comme sur des miroirs, et ressortent pour revenir, décomposés et colorés, du côté du soleil. Ceci nous montre que, pour voir l'arc-en-ciel, il faut tourner le dos au soleil et regarder devant soi, vers les nuages qui doivent le produire.

On peut aussi voir, en se plaçant comme il vient d'être dit, un arc-en-ciel dans les gouttes qui tombent d'une cascade ou d'un jet d'eau.

Quant à expliquer pourquoi l'arc affecte la forme d'une circonférence, pourquoi il y en a souvent deux qui sont concentriques, nous ne le pourrions faire ici, faute de connaissances assez étendues en physique et en mathématiques.

Devoirs écrits. — Qu'entend-on par réflexion et réfraction de la lumière? — Qu'est-ce qu'un miroir, et comment se forment les images dans les miroirs? — Quels sont les différents effets et les différents usages des lentilles? — De quoi est composée la lumière blanche du soleil?

IX. — L'ÉLECTRICITÉ ET LES ORAGES.

Certains corps s'électrisent par le frottement. — Quelques-uns d'entre vous possèdent un porte-plume en caoutchouc durci, ou un bâton de cire à cacheter. Oui; eh bien! nous allons l'employer à faire une belle expérience[1].

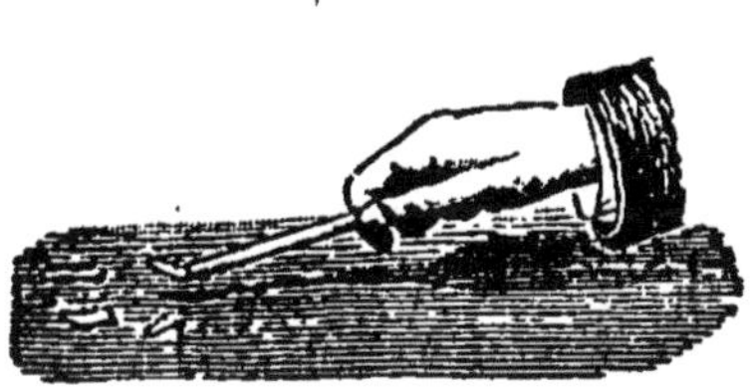

Porte-plume électrisé par le frottement.

Frottez-le très vivement contre un morceau de drap, et approchez-le aussitôt de quelques petits morceaux

1. Nous n'indiquons ici que cette seule source d'électricité. Mais si le maître veut s'en donner la peine, il lui sera facile de construire lui-même un véritable *électrophore*, capable de donner de grandes étincelles. Il pourra dès lors imaginer et exécuter un certain nombre d'expériences simples destinées à montrer les différents effets de l'électricité.

de papier placés sur une table. Vous les voyez sauter après votre porte-plume.

Les savants disent que le porte-plume est *électrisé*. Ils disent que le porte-plume, quand on l'a frotté, s'est *chargé d'électricité*, et que cette électricité a le pouvoir d'attirer les petits morceaux de papier.

Recommencez maintenant à frotter, puis approchez votre porte-plume tout doucement de votre oreille : vous aurez peut-être la chance d'entendre un petit bruit sec, en même temps que votre voisin verra, si vous opérez dans une obscurité profonde, une légère lueur, une *étincelle*. C'est l'électricité qui a passé du porte-plume à l'oreille, et qui, en traversant l'air, a produit ce bruit et cette étincelle.

Comme votre instrument est très petit, un simple porte-plume, le bruit et la lueur seront très faibles. Mais les savants possèdent dans leurs laboratoires des machines plus puissantes; ils obtiennent des étincelles longues comme le bras, éclatant avec autant de bruit qu'une capsule. Ces

Les savants possèdent des machines qui donnent de grandes étincelles
électriques.

étincelles électriques peuvent enflammer la poudre, fondre des fils de fer, percer des carreaux de vitre, tuer des oiseaux et des lapins, produire enfin, en petit, tous les effets du tonnerre.

Les effets de l'électricité ressemblent à ceux de la foudre. — Depuis deux cents ans seulement les savants connaissent ces *machines électriques* qui produisent de si curieux effets. Mais dès qu'ils les ont eues, ils ont immédiatement remarqué que l'étincelle électrique ressemble beaucoup aux éclairs de nos orages, le bruit de l'étincelle au bruit du tonnerre, et que la poudre enflammée, le fer fondu, les carreaux brisés, les animaux tués, rappellent tout à fait les dégâts causés par la foudre.

Un grand savant américain, Franklin, montra, en effet, en 1752, que les orages sont réellement produits par l'électricité. Pour aller chercher la foudre dans les nuages, Franklin lança dans les airs, un jour où le temps était

Franklin lança dans les nuages orageux un grand cerf-volant. Il put tirer des étincelles à la partie inférieure de la corde.

orageux, un cerf-volant armé d'une pointe de fer. A peine l'appareil est-il arrivé près des nuages, que les fils de la corde se raidissent : c'est l'électricité qui descend. Franklin s'approche, présente son doigt au fil, reçoit une étincelle et ressent une forte commotion, qui aurait pu le tuer, et qui le transporte de joie. Il venait de faire une grande découverte : il venait de prouver que les orages sont produits par l'électricité.

D'où viennent les orages. — Il y a toujours de l'électricité dans l'air. En été, les nuages, apportés de l'Océan par le vent, prennent en passant toute l'électricité qu'ils rencontrent sur leur route.

Un orage.

Quand ils s'approchent les uns des autres, ou quand ils s'approchent du sol, l'électricité s'en va, comme lorsque vous approchez le porte-plume de votre oreille ; il en résulte les éclairs, le bruit du tonnerre et les ravages de la foudre.

Vous voyez que les orages, aussi bien que les nuages,

nous viennent le plus souvent de l'Océan, où se forment les plus grands vents.

L'éclair et le bruit du tonnerre. — *L'éclair*, c'est l'étincelle jaillissant entre deux nuages. La quantité d'électricité rassemblée dans les nuages est si grande, qu'on a vu souvent des éclairs de plusieurs kilomètres de longueur.

La lueur de l'éclair dure un temps extrêmement court, à peine la *millionième partie d'une seconde*. Voulez-vous vous en convaincre? Attendez qu'il fasse un orage pendant une nuit bien obscure, puis regardez, à la lueur d'un éclair, une voiture ou un train de chemin de fer lancé à toute vitesse. Les roues de la voiture ou celles du wagon vous sembleront tout à fait immobiles : elles n'auront pas eu le temps de tourner d'une manière sensible pendant que l'éclair les rendait visibles.

Le tonnerre est le bruit produit par l'éclair. Vous vous demandez peut-être pourquoi on entend le tonnerre longtemps après avoir vu l'éclair. Vous allez le comprendre.

Vous est-il arrivé, étant sur une colline, de regarder un chasseur dans la plaine? Il met son fusil à l'épaule, il tire : vous voyez la fumée sortir du canon, et, un instant après, vous entendez la détonation. C'est que le son met un certain temps pour parvenir jusqu'à votre oreille; il ne parcourt que 340 mètres par seconde. Si vous êtes à un kilomètre du chasseur, vous attendrez trois secondes avant d'entendre la détonation de son arme.

Les nuages entre lesquels a jailli l'éclair sont souvent à une grande distance : le bruit du tonnerre mettra longtemps à vous parvenir.

La foudre et ses effets. — Quand le nuage orageux s'approche assez de la terre, l'électricité le quitte brusquement pour venir vers nous; l'étincelle gigantesque part entre le nuage et la terre. On dit que *la foudre est tombée*. C'est alors qu'elle produit de redoutables effets.

Les arbres sont tordus et renversés, les murs transportés à une grande distance ou percés de part en part, les maisons écroulées en partie. Les fils métalliques sont rougis, fondus ou volatilisés, les matières combustibles

Un arbre et un homme foudroyés.

s'enflamment, les incendies s'allument. Les hommes et les animaux frappés sont terrassés, le plus souvent tués : on a vu un seul coup de foudre faire 124 victimes.

La grêle. — Parmi les dégâts causés par les orages, il faut nommer ceux que fait la *grêle*. La grêle tombe toujours au commencement des orages ; elle est moins effrayante que la foudre, mais elle fait ordinairement beaucoup plus de mal. Des grêlons qui ont quelquefois la grosseur d'un œuf brisent tout ce qu'ils rencontrent.

La grêle casse les toitures et les vitres des maisons, et elle hache si bien les récoltes, qu'il ne reste absolument plus rien à ramasser dans les endroits où elle a passé. Heureusement, la grêle tombe toujours sur une bande de terrain assez étroite et rarement bien longue.

Le paratonnerre. — Lorsqu'on dirige un corps terminé en pointe vers une machine bien chargée d'électricité, cette pointe lui soutire, pour ainsi dire, sa charge, et bientôt la machine n'est plus électrisée.

Cette remarque a fait venir à Franklin l'idée de diriger vers le ciel des barres de fer pointues pour soutirer l'électricité des nuages. Sur ses indications, des savants de tous les pays firent l'expérience. Ils virent que lorsqu'on dresse en l'air une longue barre de fer terminée par une pointe, on peut, chaque fois qu'il passe un nuage orageux, tirer de grandes étincelles de la barre. Ces étincelles sont même très redoutables. Mais on évite tout accident en mettant la tige de fer en parfaite communication avec la terre au moyen d'une barre métallique, pour que l'électricité soutirée aux nuages orageux aille se perdre dans le sol sans causer de dégâts.

Le paratonnerre garantit les maisons de la foudre.

Un paratonnerre doit donc se composer d'une tige de fer terminée en pointe, mise bien exactement en communication avec le sol au moyen d'une longue chaîne. Il doit être placé au point le plus haut de la maison, pour être plus près des nuages auxquels il doit enlever l'électricité.

Quand un paratonnerre est bien installé, il préserve la maison de tout coup de foudre. Lorsque la maison est très grande, il faut, pour que la sécurité soit complète, qu'elle porte plusieurs paratonnerres.

Les précautions contre la foudre. — Quand vous êtes dans une maison munie d'un bon paratonnerre, vous pouvez donc être parfaitement tranquilles. Mais toutes les maisons n'ont pas de paratonnerre; et puis, quand il fait orage, on n'est pas toujours dans les maisons.

Comment doit-on faire alors pour se garantir autant que possible? Vous entendez bien des gens vous-indiquer toutes sortes de remèdes contre le tonnerre; soyez assurés que tous ces remèdes ne valent rien. On vous dira qu'on fait fuir l'orage en allumant de grands feux, en tirant en l'air des coups de canon, ou en sonnant les cloches : rien de cela n'est exact.

L'usage de sonner les cloches des églises pendant les orages a même le grand inconvénient de faire courir un réel danger aux malheureux sonneurs. La foudre, vous le savez, frappe de préférence les objets élevés, et principalement les clochers, et plus d'un sonneur a été foudroyé au moment même où il se disposait à mettre l'orage en fuite. On vous recommandera aussi d'éviter les courants d'air, de ne pas courir quand il tonne. Ce sont encore des précautions inutiles.

Mais, je vous l'ai déjà dit, le tonnerre tombe de préférence sur les objets élevés et sur les masses métalliques. Si vous êtes dans une maison, vous devrez donc éviter de vous placer pendant l'orage à côté d'une barre de fer, à côté d'un poêle de fonte ou d'une colonne métallique. Si vous êtes dehors, vous ne resterez pas sur une colline, mais vous descendrez dans la plaine; vous ne vous placerez pas à l'abri sous un arbre, ni sous une tour isolée; il vaudra mieux recevoir l'averse sur le dos que de vous réfugier sous ces dangereux abris.

Devoirs écrits. — Quelle ressemblance y a-t-il entre les effets de la foudre et ceux de l'électricité? — Parler du paratonnerre. — Quelles précautions faut-il prendre contre la foudre?

X. — LA PILE ÉLECTRIQUE.

La pile électrique. —Je veux vous entretenir aujourd'hui d'un appareil un peu complexe, qu'on nomme la *pile électrique.*

Voyez cette lame métallique longue de vingt centimètres, large de quatre, épaisse de deux millimètres. Elle est formée d'une lame de zinc et d'une lame de cuivre que j'ai fait souder bout à bout; puis j'ai recourbé les deux lames, de façon à leur donner la forme que vous remarquez. Je possède cinq ou six de ces lames.

Lame de cuivre soudée à une lame de zinc pour la construction d'une pile.

D'un autre côté, vous voyez cinq ou six verres ordinaires, dans chacun desquels j'ai mis de l'eau, et un peu d'*acide sulfurique,* ou *huile de vitriol,* liquide corrosif extrêmement dangereux. Je plonge les lames dans les verres, de telle sorte qu'une extrémité en zinc soit, dans

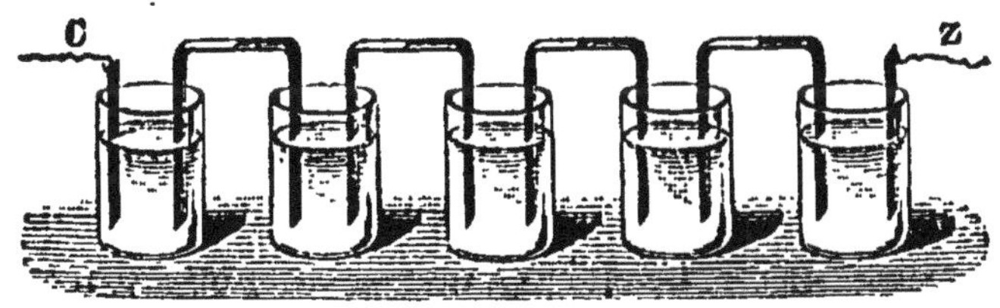

Pile électrique.

chaque verre, en regard d'une extrémité en cuivre, mais sans la toucher.

Dans le premier verre, qui ne renferme qu'une lame de cuivre, je plonge un morceau de zinc, Z, attaché à un fil métallique; dans le dernier verre, qui ne renferme qu'une lame de zinc, je plonge un morceau de cuivre, C, attaché à un autre fil métallique.

Notre *pile* est maintenant en état de fonctionner[1].

La pile produit de l'électricité. — La pile électrique, bien différente pourtant du manche de porte-plume en caoutchouc dont je vous parlais dans la leçon précédente, produit cependant aussi de l'électricité.

Il est vrai de dire que l'électricité ainsi obtenue diffère, au premier abord, de celle dont je vous entretenais précédemment. Ainsi, l'électricité de la pile est incapable de donner des étincelles analogues aux éclairs de nos orages, mais elle va manifester sa présence à vos yeux par d'autres effets.

Prenons, par exemple, les deux gros fils qui partent des deux extrémités de notre pile. Mettons-les en communication l'un avec l'autre par l'intermédiaire d'un fil de fer *très fin et très court* : ce fer rougit immédiatement; il arrive même quelquefois qu'il se fond.

Nous aurons un autre effet calorifique et lumineux en opérant de la manière suivante : l'un des fils étant appuyé contre une

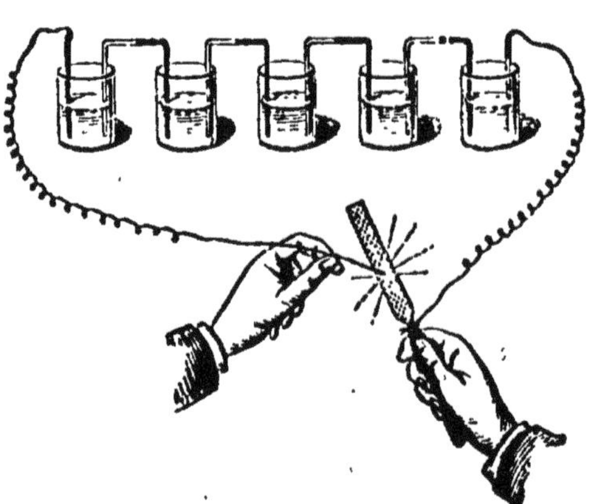

Quand on attache l'un des fils de la pile à une lime et qu'on frotte la lime avec l'autre fil, on a des étincelles.

lime d'acier, je frotte la lime avec l'autre fil : vous voyez une série de petites étincelles.

Ces deux expériences sont très brillantes quand on a à sa disposition une forte pile. Les savants les ont prises

1. La construction et l'entretien d'une semblable pile entraîne à des dépenses, pour ainsi dire insignifiantes. On aura soin de la monter au moment de s'en servir, et de la laisser peu de temps montée, pour que les zincs s'usent le moins possible.

pour base des divers systèmes d'*éclairage électrique*, qui tendent à prendre chaque jour une extension plus grande.

L'électricité de la pile décompose certaines substances. — L'électricité fournie par la pile peut, en traversant certaines substances, déterminer leur décomposition en d'autres substances plus simples, comme vous allez le constater.

Dans ce verre se trouve de l'eau acidulée par un peu d'acide sulfurique. J'y plonge les deux fils de ma pile, recourbés comme vous le voyez. Aussitôt des bulles de gaz se dégagent le long des fils et viennent crever à la surface. Le passage de l'électricité a donc eu pour effet de décomposer l'eau en deux gaz. Ces gaz, nous pouvons les recueillir dans de très petites cloches placées au-dessus des fils. L'un a la propriété de rallumer une allumette qui ne présente plus que quelques points en ignition : il se nomme *l'oxygène*.

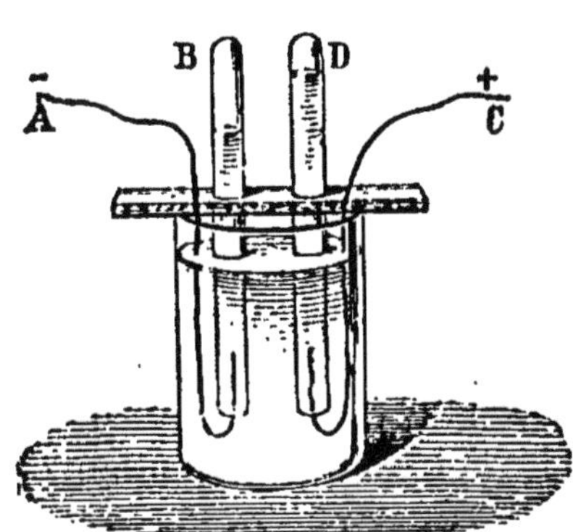

Le courant de la pile décompose l'eau. Le fil A communique avec la première lame de zinc de la pile, le fil C avec la dernière lame de cuivre. Dans le tube B il se rend de l'hydrogène ; dans le tube D on trouve de l'oxygène.

L'autre est inflammable : il se nomme *l'hydrogène*.

L'électricité de la pile décompose donc l'eau en deux gaz, l'oxygène et l'hydrogène.

Décomposition du vitriol bleu par l'électricité de la pile. — Le *vitriol bleu*, ou *sulfate de cuivre*, que je vous montre ici, est formé de beaux et gros cristaux d'un bleu très pur; il renferme du *cuivre*, de *l'oxygène* et de *l'acide sulfurique*, trois substances que vous connaissez maintenant. Vous allez voir que ce corps est, lui aussi, décomposé par l'électricité de la pile.

A l'extrémité C du fil de la pile qui communique avec le

premier morceau de cuivre, j'attache un autre morceau de cuivre M ; à l'extrémité du second fil, A, j'attache un moule

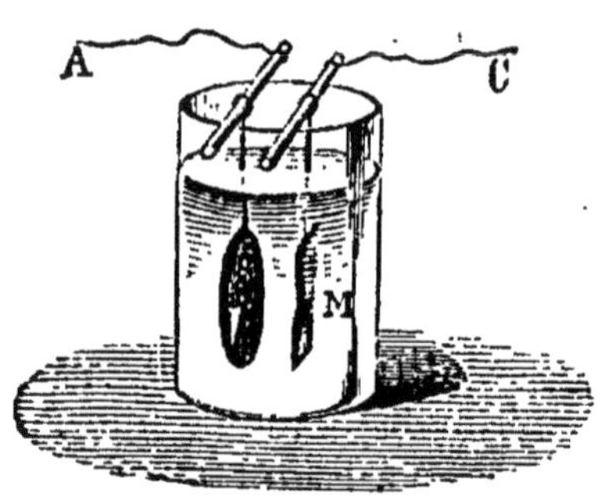

Le courant de la pile décompose le sulfate de cuivre. Du cuivre se dépose sur le moule attaché au fil A de la pile.

de plâtre, avec lequel j'ai pris l'empreinte d'une médaille. J'ai eu soin de noircir préalablement mon moule en le frottant avec de la poudre de mine de plomb, pour le rendre *conducteur de l'électricité.*

Tout étant ainsi préparé, je plonge le morceau de cuivre dans cette magnifique dissolution de vitriol bleu. Aussitôt vous voyez le moule changer de couleur : il se recouvre d'une couche de cuivre, qui augmente de plus en plus d'épaisseur, à mesure que l'électricité passe plus longtemps. Cela suffit pour que nous puissions affirmer que l'électricité a décomposé le sulfate de cuivre.

Dorure, argenture, galvanoplastie. — Le dépôt de cuivre, à la surface d'un moule, qu'on peut obtenir au moyen de l'électricité, a reçu de nombreuses applications. Vous avez tous entendu parler de la *galvanoplastie,* qui a pour but d'exécuter la reproduction en cuivre, par le moyen de l'électricité, d'un grand nombre d'objets, tels que médaillons, statuettes.

Si nous faisions durer assez longtemps l'expérience précédente, le dépôt de cuivre sur notre moule de plâtre finirait par être épais, solide et résistant : il nous serait alors possible de le détacher du plâtre, et nous aurions une représentation en cuivre de la médaille qui m'a servi à faire le moule.

La galvanoplastie, née au milieu du siècle actuel, a pris rapidement une extension considérable. Elle sert à la reproduction des médailles, des cachets, des planches gra-

vées sur bois, sur acier ou sur cuivre. On a pu aussi, en
modifiant un peu la manière d'opérer, appliquer la galvanoplastie à la reproduction
des bustes, des statuettes,
des ornements d'architec-
ture. Les statues de 5 mètres
de hauteur qui ornent le
grand Opéra de Paris ont été
obtenues par la galvano-
plastie.

En remplaçant la dissolu-
tion de vitriol bleu par la dissolution d'un composé renfermant de l'or ou de l'argent,

Moule pour la galvanoplastie.

on déposerait de même, au moyen de l'électricité, une couche d'or ou une couche d'argent. Si l'on fait le dépôt d'or ou
d'argent sur un objet en cuivre, en laiton, ou en tout autre
métal de peu de valeur, on aura un objet doré ou argenté
superficiellement, aussi beau que s'il était en or ou en
argent massif.

L'argenture par l'électricité a pris depuis quelques années un tel développement, qu'on rencontre partout, sous
le nom de *Ruolz*, des objets argentés par ce procédé.

Devoirs écrits. — Qu'est-ce qu'une pile électrique? — Quels
sont les principaux effets des piles électriques? — Parler des applications de la pile électrique.

XI. — LES AIMANTS ET LA BOUSSOLE.

Aimants naturels. Aimants artificiels. — On trouve en
certains lieux du globe, et notamment en Suède, un minerai de fer qui jouit de la singulière propriété d'attirer le fer
et l'acier, à l'exclusion de tout autre corps. Ce minerai

porte le nom de *pierre d'aimant* ou *aimant naturel.* On nomme *magnétisme* l'ensemble des phénomènes que peuvent produire les aimants, et aussi la cause de ces phénomènes.

Un aimant naturel, frotté contre un barreau d'acier, lui communique la propriété d'attirer, comme lui, d'une manière permanente le fer et l'acier. Le barreau d'acier est devenu un *aimant artificiel.*

Aimant artificiel chargé de limaille de fer à ses deux pôles, PP′.

Les aimants artificiels s'obtiennent aussi en frottant le barreau d'acier contre un autre barreau d'acier déjà aimanté.

L'acier est le seul corps qui puisse être transformé en aimant. Un morceau de fer, mis en contact avec un aimant, prend bien la propriété d'attirer le fer et l'acier, mais cette propriété est essentiellement passagère : elle cesse dès que cesse le contact avec l'aimant.

Pôles des aimants. — Un aimant, qu'il soit naturel ou artificiel, ne possède pas en tous ses points la propriété magnétique. Pour le démontrer, recouvrons entièrement notre aimant avec de la limaille de fer très fine, puis retirons-le. La limaille restera attachée en grande quantité aux extrémités : il y en aura de moins en moins à mesure que les points considérés s'approcheront du centre, et, au milieu du barreau, un assez grand espace n'aura pas gardé de limaille du tout.

Les extrémités du barreau, où se localise l'action magnétique, se nomment les *pôles* de l'aimant.

Quand on veut montrer la force d'attraction des aimants, on leur donne la forme d'un fer à cheval, ce qui rapproche l'un de l'autre les deux pôles et leur permet de soulever, à eux deux, un morceau de fer que chaque pôle, pris seul, ne soulèverait pas.

Avec notre aimant en fer à cheval nous pouvons du reste obtenir de petits aimants droits. Nous n'avons qu'à frotter contre l'un des pôles des morceaux d'aiguille à tricoter en acier.

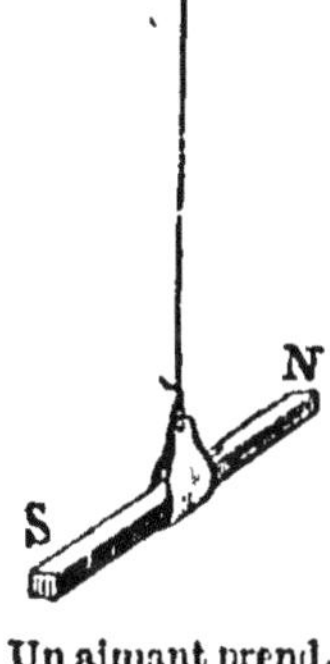

Aimant en forme de fer à cheval.

Action de la terre sur les aimants. — Dans une chape en papier introduisons un petit barreau aimanté, et suspendons la chape à un fil de coton non tordu. Nous voyons le barreau osciller de droite à gauche pendant quelques instants, puis s'arrêter dans une position d'équilibre. Si nous le dérangeons de cette position, il y revient bientôt : l'une des extrémités, N, se tourne toujours vers une direction voisine du nord, l'autre, S, vers une direction voisine du sud.

Comme le barreau prend cette direction sans qu'aucun appareil agisse sur lui, il en faut conclure que c'est l'action propre de la terre qui agit. Il en faut conclure aussi que les deux pôles d'un aimant ne jouissent pas des mêmes propriétés, puisque l'un se tourne toujours *vers le nord*, et l'autre *vers le sud*. Pour distinguer ces pôles l'un de l'autre, on colore souvent en bleu l'extrémité qui se dirige vers le nord et en gris l'extrémité qui se dirige vers le sud.

Un aimant prend, quand il peut tourner librement, une direction voisine de celle du nord au sud.

Action des aimants les uns sur les autres. — La terre exerce donc sur les aimants une action directrice. Mais les aimants agissent aussi les uns sur les autres. Du pôle *bleu*, ou *nord*, d'un barreau aimanté suspendu à une chape de papier, approchons le pôle *nord* d'un barreau tenu à la main : il y aura répulsion.

Approchons, au contraire, notre pôle *nord* du pôle *sud* du barreau suspendu : il y aura attraction.

Nous, pouvons donc dire que : *dans les aimants, les pôles de même nom se repoussent, et les pôles de nom contraire s'attirent.*

Déclinaison. — La direction du barreau aimanté en équilibre, voisine de la direction du nord au sud, ne coïncide pas exactement avec elle.

L'angle que fait la direction du barreau aimanté avec la direction du nord au sud se nomme la *déclinaison.*

La déclinaison n'est pas la même en tous les points du globe : en certains lieux, elle est nulle; en d'autres, le barreau aimanté est perpendiculaire à la direction du nord au sud. En France, la déclinaison est faible, à peu près 17 degrés; aussi avons-nous pu dire qu'en France l'aiguille aimantée, A B, se dirige *à peu près* du nord au sud, N S.

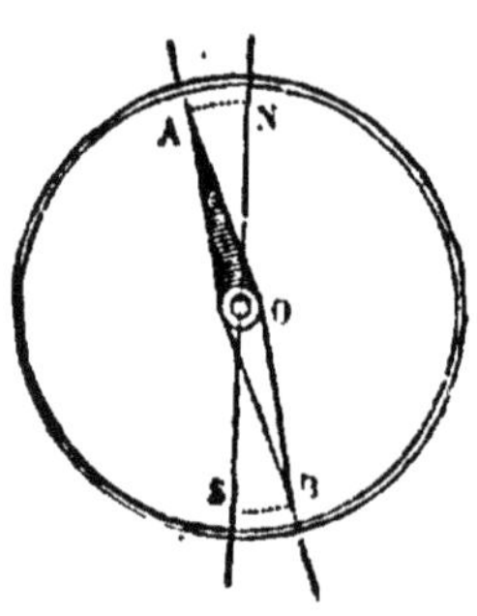
La déclinaison est l'angle que fait l'aiguille aimantée avec la direction du nord au sud.

Non seulement la déclinaison varie d'un point à un autre du globe, mais encore, dans un même lieu, elle varie d'une année à l'autre, ou plutôt, car ces variations sont très lentes, d'un siècle à l'autre.

La *déclinaison* est dite *orientale* ou *occidentale*, suivant que le pôle nord de l'aiguille aimantée se dirige à l'est ou à l'ouest de la méridienne. En France, la déclinaison est occidentale.

Boussole. — Vous voyez de suite que, lorsqu'on connaît la déclinaison d'un lieu, on peut, avec une aiguille aimantée, avoir la direction du nord au sud, et, par conséquent, les quatre points cardinaux. On nomme *boussole* l'instrument qui sert à faire cette détermination.

Dans la boussole, le barreau aimanté a généralement la forme d'un losange très allongé; il est suspendu, par son centre, en équilibre sur la pointe d'une aiguille. Quand le barreau a cette forme, on lui donne le nom d'*aiguille aimantée*.

L'aiguille aimantée de la boussole est placée au-dessus d'un cercle divisé, N E S O ; le tout est renfermé dans une boîte en bois ou en cuivre, qui met l'aiguille à l'abri des chocs et du vent.

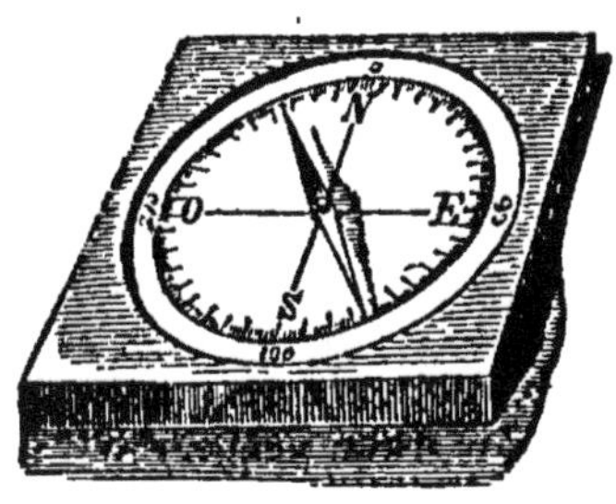

Boussole.

Là où nous sommes la déclinaison est occidentale, et égale à peu près à 17 degrés ; cherchons à nous orienter.

Pour cela, plaçons le cadran de la boussole aussi horizontalement que possible, et attendons que l'aiguille ait pris sa position d'équilibre. Faisons alors tourner le cadran horizontalement sur lui-même, pendant que l'aiguille reste immobile, jusqu'à ce que l'extrémité bleue de celle-ci soit en face de l'angle 17 degrés, à l'occident de la ligne marquée NS sur le cadran. A ce moment, le cadran est orienté et donne les quatre points cardinaux.

Les géomètres, dans leurs opérations d'arpentage, et, bien plus encore, les voyageurs et les marins se servent de la boussole pour s'orienter. Sans elle, les navigateurs seraient incapables de trouver leur route sur l'Océan.

Des cartes, faites avec le plus grand soin, et revisées constamment, indiquent au voyageur la déclinaison du lieu où il se trouve ; sa boussole alors lui montre le chemin.

Il est bien évident qu'une boussole ne donne d'indications exactes que si aucune masse de fer ni d'acier ne se trouve dans le voisi-

Boussole des marins, avec la rose des vents.

nage pour faire dévier l'aiguille. Les navires actuels, qui
contiennent tant de fer dans leur construction et leur ar-
mement, rendent l'emploi de la boussole très difficile.

Dans la boussole des marins, on ne voit pas l'aiguille;
elle est recouverte d'un disque léger, qu'elle entraîne
dans ses mouvements, et sur lequel sont tracées les divisions en degrés : ce disque porte le nom de *rose des
vents*.

Devoirs écrits. — Qu'est-ce qu'un aimant; qu'appelle-t-on pôles
d'un aimant, et à quels signes distingue-t-on l'un de l'autre les
deux pôles? — Décrire la boussole et indiquer son usage.

XII. — LE TÉLÉGRAPHE ÉLECTRIQUE.

Électro-aimant. — Voici devant vos yeux une petite
baguette d'excellent fer : elle est longue de quelques centimètres, et grosse comme le doigt. Autour de cette baguette j'enroule un fil de cuivre entouré de coton : je fais
ainsi un grand nombre de tours, mais de manière à laisser libres les deux extrémités de mon fil. A ces deux extrémités j'attache

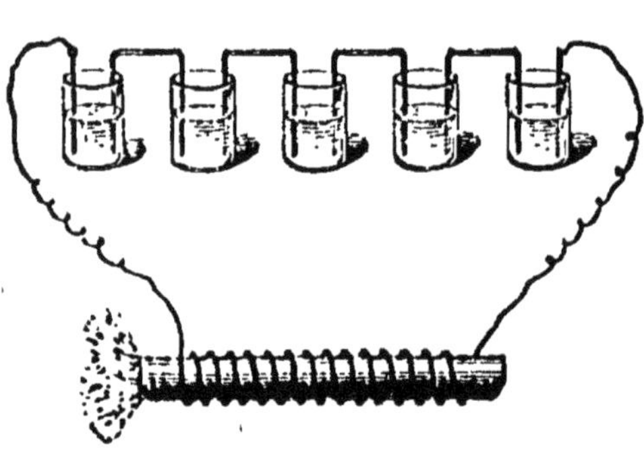

L'électricité de la pile, circulant dans un fil autour
d'une baguette de fer, la transforme en un aimant.

les deux fils de ma *pile*, que je viens de monter.

Approchons maintenant de la limaille de fer de l'une
des extrémités de la baguette : cette limaille est attirée
immédiatement, comme par un aimant.

Rompons la communication que nous avions établie

avec la pile ; la limaille retombe aussitôt : elle n'est plus attirée.

Que conclure de ces deux expériences ? 1° *qu'un morceau de fer autour duquel circule, dans un long fil, l'électricité d'une pile, est transformé en un aimant ; 2° que ce morceau de fer cesse d'être aimanté dès que l'électricité de la pile cesse de circuler dans le fil.*

Le morceau de fer ainsi entouré d'un fil de cuivre est ce qu'on nomme un *électro-aimant*, ce qui veut dire un aimant produit par l'électricité. Cet aimant est d'autant plus puissant, c'est-à-dire capable de soulever d'autant plus de limaille de fer, que la pile est plus forte et que le fil fait plus de tours sur la baguette de fer.

Vous comprenez bien pourquoi le fil doit être entouré d'une substance *isolante*, ne conduisant pas l'électricité. S'il n'en était pas ainsi, l'électricité, au lieu de suivre le fil dans toute sa longueur, et de circuler autour de la baguette, irait dans la baguette même et ne produirait plus l'effet voulu.

Transport de l'électricité à une grande distance. — Dans l'expérience que nous venons de faire, la pile était tout à côté de l'électro-aimant. Je me transporte maintenant, avec l'électro-aimant, à l'autre bout de la classe, et j'établis la communication avec la pile au moyen de deux fils de plusieurs mètres de longueur : la limaille de fer est tout aussi bien attirée que précédemment.

L'électricité de la pile peut donc se transporter à une grande distance, par les fils conducteurs, et agir encore sur l'électro-aimant. L'action a lieu même quand la distance qui sépare l'électro-aimant de la pile est de plusieurs centaines et même de plusieurs milliers de kilomètres : il faut seulement, dans ce cas, que la pile soit plus forte. Il faut, de plus, que le fil conducteur soit isolé de manière à ce qu'il ne laisse pas partir l'électricité dans le sol : on l'isole, soit en l'entourant d'une substance qui ne laisse pas passer l'électricité, soit en le soutenant à une certaine hauteur au moyen de supports *isolants* en porcelaine, la porcelaine ne laissant pas passer l'électricité.

Principe du télégraphe électrique. — Complétons notre appareil. A un support M, en bois, j'ai adapté une petite baguette PQ, également en bois; cette baguette est fixée au support par un clou O, autour duquel elle peut tourner librement, comme un fléau de balance. A l'extrémité P de cette baguette j'ai fixé un petit disque de fer grand et gros comme une pièce de dix sous. Au milieu de l'autre branche j'ai ajouté un contrepoids pesant un peu plus que le disque de fer, tout juste assez lourd pour que la branche P, qui porte le disque, soit maintenue en l'air;

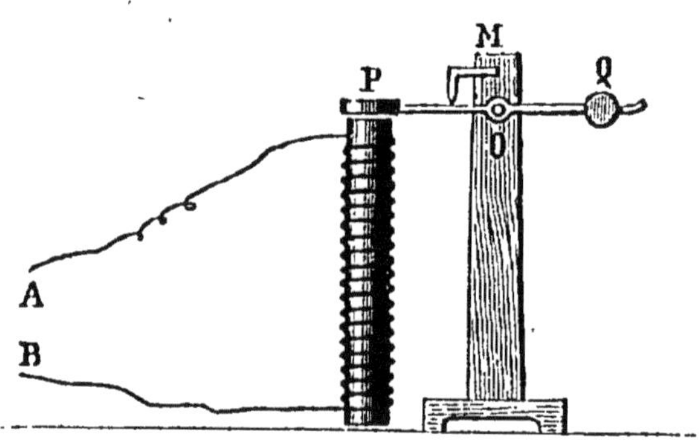

Principe du télégraphe électrique : Les fils A et B communiquent avec la pile. Chaque fois que la communication est établie, le disque P s'abaisse, chaque fois qu'elle est rompue, le disque P se soulève.

comme il ne faut pas cependant que la branche P puisse se soulever trop haut, j'ai limité sa course par un petit arrêt de bois cloué au support.

Dressons maintenant notre électro-aimant au-dessous et à une très petite distance du disque de fer, puis établissons des fils de communication entre l'électro-aimant et la pile située à l'autre extrémité de la classe. Dès lors tout est prêt; j'abandonne l'électro-aimant à lui-même et je me transporte auprès de la pile. Je prends en main les deux extrémités de l'un des fils de communication, de façon à pouvoir ouvrir ou fermer à volonté le passage de l'électricité.

Regardez bien. J'établis la communication entre les deux fils, l'électricité peut aller vers l'électro-aimant : vous voyez aussitôt le disque de fer P, qui est attiré, s'abaisser vers l'électro-aimant. Je romps la communication : le disque de fer P n'est plus attiré, il se soulève, sous l'action du contrepoids, et reprend sa première position [1].

Je fais se succéder rapidement les communications et les ruptures entre les deux fils que je tiens à ma main : les oscillations du disque P, qui descend et qui monte, se succèdent tout aussi rapidement.

L'expérience réussirait de même si la distance entre l'électro-aimant et la pile était beaucoup plus grande.

Il sera donc toujours facile, en établissant et en interrompant alternativement le passage de l'électricité un certain nombre de fois, de produire une oscillation du disque P. En faisant varier convenablement le nombre et la rapidité de ces oscillations, on pourra transmettre ainsi une série de signaux conventionnels représentant les lettres de l'alphabet, et, par suite, des phrases entières.

Télégraphe de Morse. — Le premier système télégraphique qui ait réellement fonctionné date de 1830 : il a été imaginé et construit par l'Américain Morse. Le *télégraphe Morse* est encore le plus employé par l'administration des télégraphes français. Vous allez comprendre ses dispositions essentielles, qui sont fort simples.

Au poste de départ, là où l'on fait partir la dépêche, se trouve une sorte de levier, AOB ; quand on presse avec la main sur le bouton B, la communication s'établit en C, et l'électricité de la pile s'en va dans la direction de la ligne télégraphique. C'est plus commode que d'avoir à tenir à la

1. Il sera bon d'interposer une petite rondelle de papier entre le pôle de l'électro-aimant et le disque P, pour empêcher leur contact direct. En prenant cette précaution, on sera plus certain de réussir l'expérience.

main les deux extrémités du fil, comme nous venons de le faire.

Dans l'appareil *Morse*, le courant est établi et interrompu par un levier AB.

Au poste d'arrivée, là où l'on doit recevoir la dépêche, se trouve une disposition tout à fait analogue à la nôtre ; mais, de plus, une bande de papier longue et étroite se déroule en face de la pointe Q du petit levier. De l'autre côté de cette

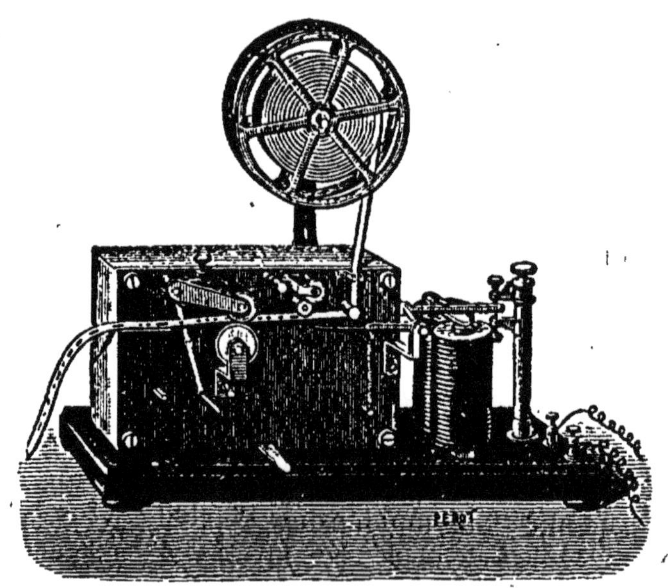

Dans l'appareil de *Morse*, une pointe écrit la dépêche en caractères convention-nels sur une feuille de papier qui se déroule par l'action d'un mouvement d'horlogerie.

bande se trouve une petite roulette constamment impré-gnée d'encre. Quand le disque P est attiré, et qu'il s'abaisse, la pointe Q se soulève. Elle applique dès lors la bande de papier contre la roulette, et détermine ainsi le tracé d'une ligne à l'encre : les signaux sont donc *imprimés* par l'appareil lui-même.

Les signaux employés dans le télégraphe de Morse sont au nombre de deux seulement : le point (.), qu'on trace en pressant sur la poignée, au poste de départ, pendant un temps extrêmement court ; le trait (—), qui correspond à une pression exercée pendant un peu plus longtemps. En combinant le point et le trait, on forme toutes les lettres de l'alphabet.

Le tableau suivant indique les conventions adoptées en France :

a	· —	k	— · —	u	· · —	1	· — — — —
b	— · · ·	l	· — · ·	v	· · · —	2	· · — — —
c	— · — ·	m	— —	w	· — —	3	· · · — —
d	— · ·	n	— ·	x	— · · —	4	· · · · —
e	·	o	— — —	y	— · — —	5	· · · · ·
f	· · — ·	p	· — — ·	z	— — · ·	6	— · · · ·
g	— — ·	q	— — · —	,	· — · — · —	7	— — · · ·
h	· · · ·	r	· — ·	;	— · — · — ·	8	— — — · ·
i	· ·	s	· · ·	:	— — — · · ·	9	— — — — ·
j	· — — —	t	—	.	· · · · · ·	0	— — — — —

D'après ces conventions, une dépêche *écrite* par l'appareil à électro-aimant présente l'aspect suivant :

```
—  ·  · — · ·  ·  — — · ·  · — ·  · —  · — — · ·  · · · ·  ·
— · ·  ·  — —  — — —  · — ·  · · ·  ·
```

ce qui signifie : *Télégraphe de Morse.*

Divers systèmes télégraphiques. — Je ne veux pas vous décrire maintenant tous les autres systèmes télégraphiques employés ; ils sont tous beaucoup plus difficiles à comprendre que celui de Morse. Il me suffit que vous ayez saisi comment l'électricité peut porter des dépêches à une grande distance.

Le *système Bréguet,* en usage dans les chemins de fer, n'écrit rien, il marque seulement les lettres avec une aiguille; le *système Hughes* est plus curieux encore, car il imprime la dépêche en lettres ordinaires; le *système Caselli* transmet l'écriture même de la personne qui expédie la dépêche.

Téléphone. — Le *téléphone*, imaginé en 1876 par l'Américain Graham Bell, permet de transmettre la parole à une grande distance : c'est donc un véritable télégraphe parlant. Celui-là n'a même pas besoin de pile pour fonctionner; l'électricité est produite par l'appareil lui-même.

Observation. — Le maître fera tous ses efforts pour effectuer et réussir les expériences indiquées dans ce chapitre. Elles sont indispensables à la compréhension parfaite du principe des télégraphes. Les fils de cuivre recouverts de coton se vendent actuellement presque partout, et à bon marché.

On donnera des devoirs écrits sur ce sujet comme sur les précédents.

10.

NOTIONS DE CHIMIE[1].

Maintenant que nous connaissons les propriétés communes à tous les corps, maintenant que la physique nous a montré les effets généraux de la chaleur, de la lumière, de l'électricité, nous allons passer à l'étude particulière de quelques corps, pris parmi les plus répandus et les plus importants.

Nous allons rechercher quelles modifications profondes ces corps peuvent subir quand ils agissent les uns sur les autres, ou quand on les soumet à l'action de la chaleur, de la lumière et de l'électricité. Cette nouvelle étude est le but de la *chimie*. Nous ne pourrons la mener à bonne fin que si nous savons bien ce qui précède, car nous ne pourrons comprendre les propriétés particulières que si nous connaissons les propriétés générales.

I. — EAU. — OXYGÈNE ET HYDROGÈNE.

Décomposition de l'eau par la pile. — Vous saviez déjà, et je répète une fois de plus l'expérience devant vous, que, lorsqu'on fait passer le courant électrique d'une pile à travers l'eau, on la décompose en deux gaz, que nous avons appelés, à plusieurs reprises déjà, l'*oxygène* et l'*hydrogène*. Si nous faisions passer l'électricité pendant très

1. Il a déjà été traité plusieurs questions de chimie dans le *Cours élémentaire* (leçons VII, VIII, XXI, XXII, XXVII, XXX-XXXIV, LI-LV, LVII, LIX), et dans le *Cours moyen* (pages 13 et suivantes). On fera bien de revoir d'abord ces questions dont on parlera le moins possible dans le volume du *Cours supérieur*.

longtemps, il se dégagerait toujours ces deux gaz, et pas autre chose. Au bout d'un temps assez long, il ne resterait plus d'eau du tout, et, à sa place, nous aurions un grand volume d'oxygène et un volume d'hydrogène deux fois plus considérable encore.

Il faut conclure de là que l'eau contient de l'oxygène et de l'hydrogène, et rien autre chose. Tâchons d'étudier ces deux gaz.

Oxygène. — L'*oxygène* est le plus important de tous les gaz; aussi devons-nous l'examiner avec soin. Pour pouvoir le faire, je me suis procuré de quoi en fabriquer une quantité plus grande que celle produite par l'action de notre pile.

Les droguistes vendent, sous le nom de *chlorate de potasse*, un solide blanc, cristallisé, qui contient beaucoup d'oxygène; et, voici surtout ce qui est commode, il suffit de le chauffer pour que son oxygène s'en aille à l'état gazeux. Le tout est de savoir recueillir ce gaz pour le mettre dans des flacons. Cela est bien facile; voici comment nous allons nous y prendre.

Prenons ce vase de verre, de forme particulière, qu'on appelle une *cornue.* Dans cette cornue mettons un peu de *chlorate de potasse,* et fermons avec un bouchon traversé par un tube de verre recourbé. L'extrémité de ce tube est plongée dans l'eau d'une cuvette. Au-dessus mettons une petite bouteille pleine d'eau, le goulot en bas;

On peut obtenir de l'oxygène en chauffant du chlorate de potasse dans une cornue de verre.

l'eau reste dans le flacon, maintenue par la pression atmosphérique. Si nous chauffons maintenant la cornue un peu fortement, le gaz se produira, sortira par le tube à dégagement et ira à la partie supérieure du flacon, en chassant l'eau. Le flacon sera bientôt plein; on le remplacera par un second, un troisième, un quatrième.

Regardez-les, ces petites bouteilles pleines d'oxygène et bien bouchées. Elles ont exactement le même aspect que si elles étaient vides ou pleines d'air : donc l'oxygène est, comme l'air, un gaz invisible, *incolore*. Débouchez la bouteille et approchez-la du nez, vous ne sentez rien : comme l'air, l'oxygène est *inodore*. Mettez la bouche à l'ouverture et aspirez, rien encore; comme l'air, l'oxygène n'a aucun goût : on dit qu'il est *insipide*. Comme tous les gaz, et par conséquent comme l'air, il peut se dilater, se comprimer, prendre l'état liquide si on le soumet à un froid assez vif et à une pression assez forte.

Mais, me direz-vous, en quoi diffère-t-il donc de l'air? Attendez.

Dans un de vos flacons, j'introduis une allumette presque éteinte, ne présentant plus que quelques points en ignition. Aussitôt vous la voyez se rallumer et brûler avec un éclat des plus vifs.

Je remplace successivement l'allumette par un morceau de charbon, par un morceau de soufre, par un morceau de phosphore allumés, et vous les voyez produire une telle lueur, que l'œil a peine à en supporter l'éclat.

L'oxygène a donc, à un bien plus haut degré que l'air, le pouvoir de faire brûler les corps combustibles.

Le fer lui-même brûle très vivement dans l'oxygène. Vous avez vu des forgerons battant le fer. Autour de l'enclume sautent de brillantes étincelles; chaque coup de marteau en lance une gerbe nouvelle. Ces étincelles sont formées de petites parcelles de fer qui brûlent. Regardez par terre, vous retrouverez des parcelles brûlées semblables à de la rouille.

Le phosphore brûle dans l'oxygène avec un éclat extraordinaire.

Dans l'oxygène, cela se produit aussi, mais plus vivement. A l'extrémité d'un fil de fer, attachons un morceau d'amadou, mettons-y le feu et enfonçons le tout dans un flacon plein d'oxygène. L'amadou enflamme le fer, qui se met à brûler aussitôt, en lançant autour de lui d'éblouissantes étincelles.

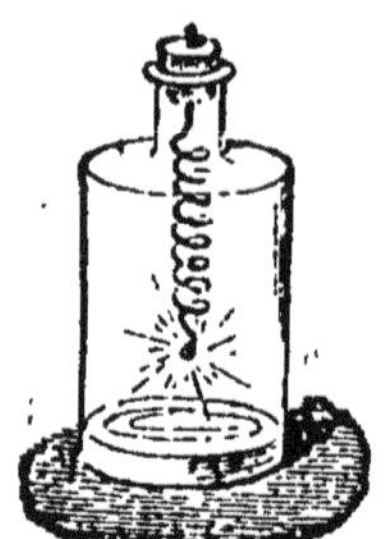

Le fer brûle très bien dans l'oxygène.

Combustion. — Dans toutes ces expériences, il s'est produit ce qu'on nomme une *combustion*. Quand un corps brûle dans l'oxygène, sa matière s'allie à celle de l'oxygène pour former un corps différent de l'oxygène et différent du combustible.

On dit que le corps s'est *combiné* avec l'oxygène, et c'est le fait même de cette *combinaison* qu'on nomme *combustion*.

Quand le charbon brûle dans l'oxygène, il se forme, par la combinaison du charbon et de l'oxygène, un troisième corps, appelé *acide carbonique*, qui ne ressemble en rien ni au charbon ni à l'oxygène, quoiqu'il renferme les deux corps. Vous le connaissez déjà.

Il se produit quelque chose d'analogue dans la combustion du soufre, du phosphore, du fer. (Voir le *Cours moyen*, pages 13 et suivantes.)

L'air renferme de l'oxygène, et c'est pour cela que bien des corps peuvent y brûler.

Combustion lente. — En général, quand une combinaison se produit, il se dégage en même temps beaucoup de chaleur, assez de chaleur même pour que le corps devienne incandescent, lumineux. Mais cependant cela n'a pas toujours lieu, et il arrive souvent qu'une *combinaison*, ou une *combustion*, car ces deux mots ont le même sens, n'est accompagnée d'aucune production de lumière. Ainsi, le fer humide se rouille lentement dans l'air : or la rouille est tout bonnement une *combinaison* du fer avec l'oxygène qui est dans l'air. Un morceau de fer qui se rouille, c'est donc un morceau de fer *qui brûle lentement dans l'air*, sans apparition de flamme ni de lu-

mière. Il semble même qu'il ne se produise pas non plus
de chaleur : en réalité, il s'en dégage, mais si lentement,
si peu à la fois, qu'on ne s'en aperçoit pas.

Les combustions qui ont lieu dans ces conditions sont
appelées *combustions lentes.*

Respiration. — Reprenons un flacon d'oxygène et introduisons à l'intérieur un petit oiseau ou une souris. Nous
verrons notre petit animal sauter, s'agiter d'un air joyeux ;
sa respiration semblera plus facile : c'est que l'oxygène
facilite la respiration, comme il active la combustion.

Nous avons vu, en effet, que la respiration est tout simplement une combustion lente ; vous savez comment les
aliments que vous mangez sont brûlés lentement dans
votre corps par l'oxygène de l'air. Cette combustion lente
est l'origine de la chaleur de votre corps, elle vous donne
la force de vivre et de vous mouvoir.

En résumé : l'oxygène est essentiellement propre à entretenir la respiration et la combustion.

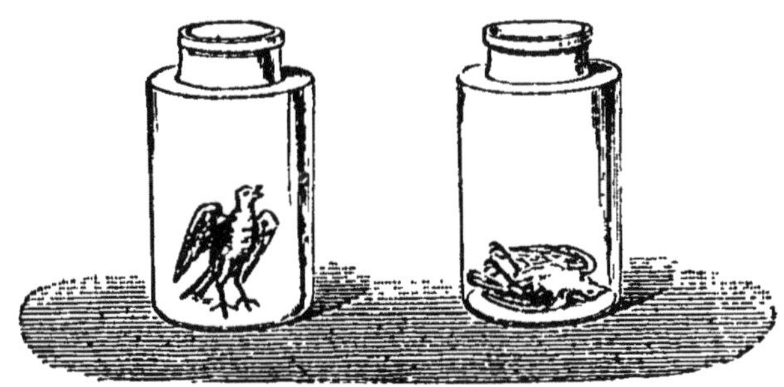

Dans l'oxygène la respiration des animaux est plus active que dans l'air.

Un animal mourrait presque immédiatement s'il n'avait
pas d'oxygène pour respirer, et un corps enflammé s'étein-
drait de suite si on le mettait dans un vase ne renfermant
pas d'oxygène.

Hydrogène. — *L'hydrogène* est aussi un gaz qui prend
naissance quand on décompose l'eau par la pile. Nous ver-

rons dans un moment qu'on peut le préparer autrement, plus facilement, et en plus grande quantité.

Comme l'air et l'oxygène, l'hydrogène est incolore, c'est-à-dire invisible; il est sans odeur et sans saveur. Il est très léger : c'est le plus léger de tous les corps. Un litre d'air, à la pression atmosphérique et à la température de 0 degré, pèse 1gr.,3; 1 litre d'oxygène pèse, dans les mêmes conditions, 1gr.,4, et 1 litre d'hydrogène pèse 16 fois moins, 0gr.,09. Quatorze litres d'hydrogène ne pèsent pas plus qu'un litre d'air.

C'est à cause de la grande légèreté de l'hydrogène qu'on l'a, dès le début, employé à gonfler les ballons.

L'hydrogène est un gaz combustible. Si l'on présente une allumette, une bougie, à l'ouverture d'un ballon rempli de ce gaz, ce n'est plus l'allumette qui brûle vivement, c'est le gaz qui s'enflamme, en produisant une grande flamme pâle, à peine visible.

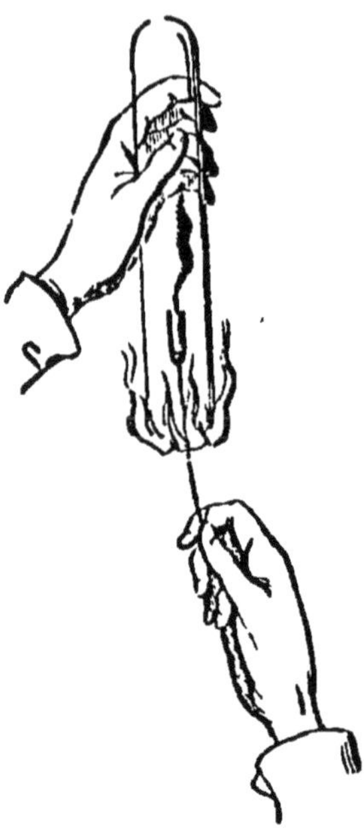

L'hydrogène brûle avec une flamme pâle, mais très chaude.

Mais pour pouvoir faire cette expérience, il nous faut préparer de l'hydrogène. Nous y arriverons bien facilement. Dans une fiole à moitié pleine d'eau j'introduis des *rognures de zinc*, puis quelques gouttes *d'acide sulfurique*, et je ferme la fiole au

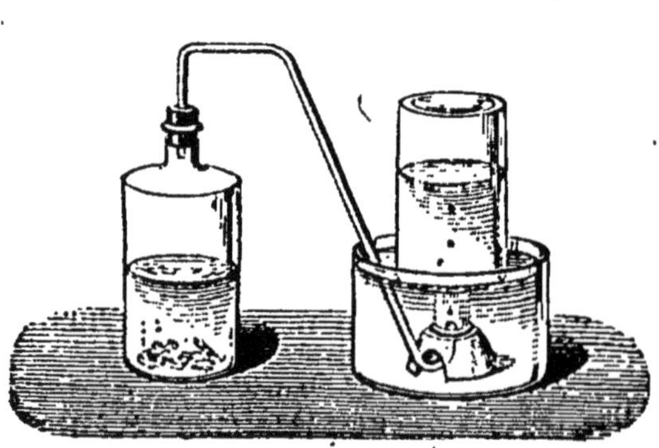

On peut préparer l'hydrogène en arrosant des rognures de zinc avec de l'eau additionnée d'acide sulfurique.

moyen d'un bouchon traversé par un tube recourbé. Sans que je sois obligé de chauffer, j'obtiens immédiatement de l'hydrogène, dont je puis remplir plusieurs flacons. Je vous dirai bientôt d'où vient cet hydrogène.

Nous pouvons aussi fermer la fiole par un bouchon que traverse un tube, et allumer le gaz à sa sortie.

Puisque l'hydrogène est combustible, nous devons le placer à côté des autres corps combustibles, tels que le charbon, le soufre, le phosphore, le fer ; il peut, comme eux, se combiner avec l'oxygène en dégageant beaucoup de chaleur.

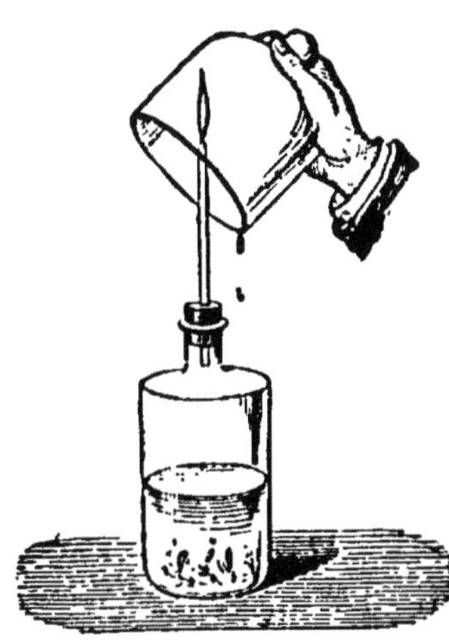

On peut enflammer l'hydrogène à la sortie même de la fiole dans laquelle il se produit. La combustion de l'hydrogène donne naissance à de l'eau.

La flamme de l'hydrogène est très pâle, mais elle est très chaude. Elle peut, comme vous le voyez, fondre un fil de fer, tandis que nos feux de forge les plus violents ne sauraient y arriver. La chaleur est encore bien plus forte quand, au lieu d'enflammer tout simplement l'hydrogène dans l'air, on l'enflamme dans l'oxygène.

Il faut bien se garder, dans tous les cas, de mélanger l'oxygène et l'hydrogène, et d'approcher une allumette du mélange, car le feu

Un mélange d'oxygène et d'hydrogène détone fortement quand on l'allume.

se propagerait immédiatement dans toute la masse ; la combinaison se produirait tout d'un coup, et il en résulterait une détonation formidable, capable de briser le vase et de blesser les opérateurs : on aurait ce qu'on appelle un *mélange détonant.* Écoutez quel bruit fait le mélange détonant, pourtant si petit, que j'enflamme devant vous : j'ai eu soin d'entourer d'un linge mouillé la petite fiole dans laquelle il est renfermé, pour nous garantir des éclats, en cas de rupture.

L'hydrogène, mêlé à l'air, constitue encore un mélange détonant. Aussi avons-nous eu bien soin d'attendre que tout l'air ait été chassé de notre appareil à préparation avant d'allumer le gaz à sa sortie.

Autres gaz combustibles. — Vous connaissez quelques autres gaz *combustibles :* par exemple, le *gaz d'éclairage* (*Cours élémentaire*, leçon LVIII), le *gaz des marais* (*Cours élémentaire*, leçon VII).

Chacun de ces gaz est capable de former avec l'air un mélange détonant dangereux. Qui de vous n'a entendu parler des explosions et des accidents terribles causés par le mélange de l'air avec le gaz d'éclairage !

Et le terrible *feu grisou*, l'effroi des mineurs! C'est tout simplement le *gaz des marais*, qui se dégage souvent dans l'intérieur des mines de houille; là il se mélange à l'air,

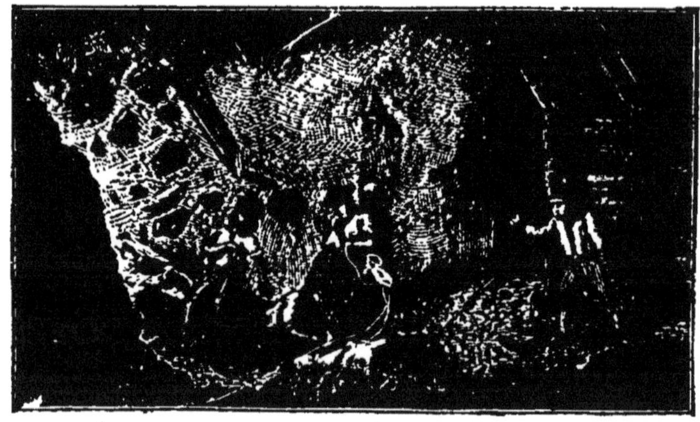

Explosion de feu grisou dans une mine de houille.

et devient alors susceptible de détoner avec violence, en causant la mort de nombreux ouvriers. Dans les mines, on prend toutes les précautions possibles pour éviter les explosions du feu grisou ; mais les accidents sont encore trop fréquents.

Production de l'eau. — Mais revenons à l'hydrogène. Il brûle ; cela veut dire, n'est-il pas vrai, qu'il *se combine avec l'oxygène* qui est dans l'air. Quel est le corps qui se produit? Vous avez déjà deviné que c'est de l'eau. Puisque vous savez que l'eau est formée d'oxygène et d'hydro-\ gène, vous devez bien penser que l'oxygène et l'hydrogène en se combinant donneront de l'eau.

Mais que devient-elle, cette eau? Elle prend naissance au milieu d'une flamme : elle est donc en vapeur; elle se répand dans l'air, invisible, à mesure qu'elle se produit. Plaçons au-dessus de notre flamme une cloche de verre : la vapeur se condensera sous forme de rosée sur cette cloche qui est froide; elle sera devenue visible.

Nous avions, au commencement de ce chapitre, *décomposé* l'eau pour en tirer l'oxygène et l'hydrogène ; nous venons, ici, de *combiner* l'oxygène et l'hydrogène pour former l'eau.

Autres modes de décomposition de l'eau. — Le courant électrique fourni par la pile n'est pas le seul moyen qui nous permette de décomposer l'eau. Il y a un certain nombre de corps qui peuvent en faire autant : le charbon, le fer, sont de ceux-là. Quand on fait passer de l'eau en vapeur sur du charbon ou sur du fer chauffé au rouge, cette eau est décomposée : l'oxygène de l'eau se combine avec le fer ou le charbon, et l'hydrogène s'en va.

Pour vous montrer cela très simplement, je prends sur ce fourneau de gros morceaux de charbon tout allumés, et je les plonge brusquement, l'un après l'autre, dans une terrine pleine d'eau : vous voyez sortir de l'eau de grosses bulles d'hydrogène, qui s'enflamment au contact d'une allumette.

Le charbon décompose l'eau quand il est enflammé et donne naissance à un gaz combustible.

Vous allez maintenant comprendre un usage des forgerons qui a dû vous paraître singulier. Quand ils veulent activer leur feu, ils jettent un peu d'eau dessus. Pourquoi? Parce que cette eau est décomposée par le charbon qui est rouge, et qu'elle fournit ainsi au combustible de l'oxygène qui le fait brûler plus vivement. De plus, il se dégage de l'hydrogène, qui s'enflamme à mesure et augmente encore le feu.

Mais si le forgeron jetait trop d'eau, elle refroidirait les charbons, qui ne la décomposeraient plus, et le feu serait de suite éteint. Vous savez qu'en effet l'eau éteint plus souvent le feu qu'elle ne le rallume.

Dans votre fiole, c'est aussi l'eau qui a produit l'hydrogène; ici, l'eau a été décomposée par l'action combinée du zinc et de l'acide sulfurique [1].

Devoirs écrits. — Résumer toutes vos connaissances sur l'oxygène. — Résumer toutes vos connaissances sur l'hydrogène. — Quel est le sens des mots *combustion, combinaison, décomposition :* le faire comprendre par plusieurs exemples.

1. Il faudra compléter cette étude de l'eau par la revision des leçons **XX, XXI, XXIII-XXV,** du *Cours élémentaire.*

II. — AIR. — OXYGÈNE ET AZOTE.

L'air renferme de l'oxygène et de l'azote. — Nous avons
étudié la composition de l'air avec beaucoup de soin dans
la première partie du *Cours moyen* (revoir ici ce chapitre,
pages 13 et suivantes du *Cours moyen*). Il est résulté de
cette étude que l'air est un mélange de deux gaz incolores
et inodores, l'*oxygène*, qui vient de faire le sujet d'une
leçon, et l'*azote*.

L'*azote*, comme les gaz que nous connaissons déjà, n'a
ni odeur ni saveur ; il pèse un peu moins que l'air et que
l'oxygène, mais encore quatorze fois plus que l'hydrogène.
J'en prépare devant vous une pleine cloche en opérant de
la manière suivante.

Sur l'eau dont est pleine cette terrine, je fais flotter une
petite planchette ; sur cette planchette, je place un morceau d'ardoise et, par-dessus, un peu
de soufre. J'allume le soufre et je
recouvre la planchette avec une cloche à fromage, dont les bords plon-
gent dans l'eau. Le soufre continue
de brûler dans cet air confiné, c'est-à-
dire qu'il se combine avec l'oxygène.

Le résultat de la combinaison du
soufre avec l'oxygène est un gaz incolore, doué de l'odeur forte que répand une allumette enflammée : ce
gaz se nomme *acide sulfureux*.

On prépare l'azote en fai-
sant brûler du soufre
sous une cloche d'air.

Dans un moment, quand le soufre se sera combiné avec
tout l'oxygène qui est sous la cloche, nous verrons la
flamme s'éteindre. C'est fait.

Ce que nous avons maintenant sous la cloche, ce n'est
plus de l'air, ce n'est plus un mélange d'oxygène et d'a-
zote, c'est un mélange d'acide sulfureux et d'azote. Mais
l'acide sulfureux est très *soluble* dans l'eau ; il va donc

peu à peu se dissoudre : voyez en effet comme le volume diminue, tant à cause du refroidissement qu'à cause de la dissolution de l'acide sulfureux. Maintenant il ne reste plus à peu près que de l'azote sous la cloche ; nous pouvons, au moyen d'un entonnoir manœuvré sous l'eau, remplir plusieurs fioles préalablement pleines d'eau.

L'azote. — L'azote n'est pas plus visible que l'oxygène et que l'hydrogène. Il se distingue facilement de l'oxygène en ce qu'il éteint une allumette bien enflammée, tandis que l'oxygène rallumait celle qui était presque éteinte. Il se distingue tout aussi aisément de l'hydrogène en ce qu'il ne s'enflamme pas, et ne peut pas brûler : ce n'est pas un gaz combustible.

Un animal qu'on introduirait dans un flacon plein d'azote y mourrait asphyxié au bout de très peu d'instants, faute d'oxygène. Cela ne veut pas dire que l'azote soit un poison. Mais, pour respirer, nous avons besoin d'oxygène, et l'azote n'en contient pas : il ne peut donc pas nous faire respirer ni nous faire vivre ; mais il n'a par lui-même aucune mauvaise action sur nous. L'animal qui meurt dans l'azote meurt tout simplement parce qu'il n'a pas d'oxygène.

Chacun des éléments qui constituent l'air a son utilité. L'oxygène sert à entretenir la respiration de tous les animaux, à entretenir la vie des plantes et à entretenir enfin toutes les combustions. S'il n'y avait pas d'oxygène dans l'air, il ne pourrait y avoir sur terre ni hommes, ni animaux, ni plantes ; le feu non plus n'existerait pas.

L'azote tempère l'action de l'oxygène en empêchant les combustions d'être trop vives, et les respirations d'être trop actives. Il est, en outre, indispensable à la vie des plantes.

Il y a aussi de la vapeur d'eau et de l'acide carbonique dans l'air. — Nous avons vu déjà à plusieurs reprises qu'il y a toujours aussi de la *vapeur d'eau* dans l'air. Vous savez comment on y montre sa présence (revoir ici les leçons

XX, XXIV et XXV du *Cours élémentaire*). Vous savez aussi que s'il n'y avait pas de vapeur d'eau dans l'air il n'y aurait plus ni neige, ni pluie, et par conséquent ni lacs, ni sources, ni ruisseaux, ni rivières, et que ni les animaux ni les plantes ne pourraient vivre. La vapeur d'eau, quoique en bien moins grande quantité dans l'air que l'oxygène et l'azote, est donc tout aussi indispensable que ces deux gaz.

Il y a encore de l'*acide carbonique* dans l'air : nous parlerons bientôt de ce gaz.

Substances diverses contenues dans l'air.—Outre les quatre substances que nous avons citées, qui constituent ce qu'on pourrait appeler de l'air pur, il y en a beaucoup d'autres. Toutes ces autres substances, en nombre si considérable qu'on ne pourrait les citer toutes, sont chacune en quantité bien petite, car elles ne forment pas, à elles toutes réunies, la millième partie du poids de l'air. Il ne faudrait pas croire pour cela qu'elles n'aient pas d'importance.

Parmi ces substances il y a : 1° des gaz qui jouent un très grand rôle dans la végétation ; 2° des miasmes malsains qui causent les maladies épidémiques ; 3° des germes d'animaux et de végétaux microscopiques. Ainsi la moisissure qui pousse sur toutes les substances qui se gâtent est un végétal, qui a été semé là par des germes apportés par l'air.

Air respirable. — Vous savez aussi, mais je veux vous le répéter une fois de plus, qu'on ne doit respirer, autant que possible, qu'un air pur.

Un grand nombre de circonstances peuvent déterminer l'altération de l'air, et le rendre nuisible à la santé. Que l'air renferme trop d'acide carbonique, trop de vapeur d'eau, ou trop peu d'oxygène, il devient malsain, et quelquefois mortel.

C'est surtout l'air confiné, dans lequel respirent un grand nombre de personnes, qui devient rapidement nuisible. Il est donc indispensable que l'atmosphère des appartements dans lesquels sont réunies plusieurs personnes soit souvent renouvelée.

Observation. — Quand on aura revu avec soin les leçons du *Cours élémentaire* et du *Cours moyen*, dans lesquelles on a parlé de l'air et de l'eau, on interrogera longuement les élèves sur ces sujets si importants, et on leur donnera, si on le peut, de nombreux devoirs sur ces matières.

Devoirs écrits. — Résumer tout ce que vous savez sur l'air. — Que trouve-t-on dans l'air? — Quel est le rôle de chacun des éléments de l'air?

III. — CHARBON. — ACIDE CARBONIQUE.

Charbons divers. — Qu'y a-t-il de plus différent en apparence que le *diamant* et la *mine de plomb* ? L'un est dur, transparent, doué d'un éclat remarquable ; l'autre est terne, opaque, si tendre qu'on l'écrase entre les doigts. Cependant ces deux corps sont formés de la même substance, et cette substance est tout simplement le *charbon*.

Tâchons de comprendre cela.

Nous avons vu que le vulgaire charbon de bois brûle dans l'oxygène, et qu'il se produit alors un gaz nommé *acide carbonique*, qui est la *combinaison* du charbon et de l'oxygène. Ce gaz, comme nous le verrons bientôt, est facile à reconnaître.

Eh bien! le diamant aussi, et la mine de plomb aussi, sont combustibles : quand on chauffe fortement l'un de ces deux corps dans l'oxygène, il brûle, et produit également de l'acide carbonique, combinaison de charbon et d'oxygène.

Il n'y a donc pas à en douter, ces trois corps si différents en apparence, *charbon de bois*, *diamant*, *mine de plomb*, ne sont, au fond, qu'un seul et même corps, du *charbon*.

Le charbon est un corps extrêmement répandu dans la nature, et il y prend les formes les plus diverses : *diamant;*

Diamant naturel, A, B; diamant taillé, C, D.

mine de plomb, houille, anthracite, lignite, tourbe, dont je vous montre divers échantillons, voilà des charbons que

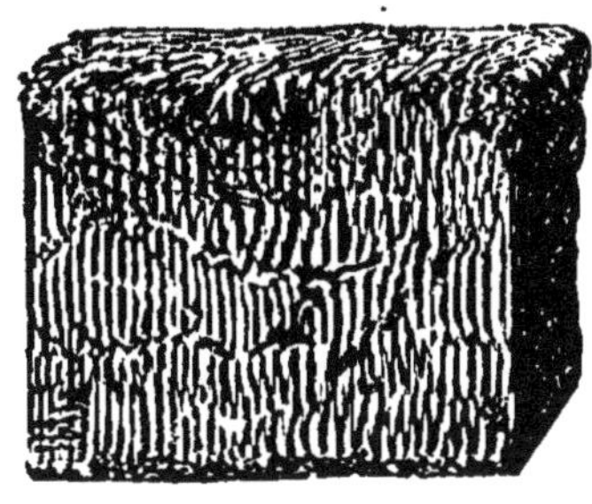

Tourbe.

l'on trouve dans le sein de terre. De plus, le charbon entre, combiné avec d'autres corps, dans la constitution de tous les animaux et de tous les végétaux : *coke, charbon de bois, noir de fumée, noir animal,* voilà des charbons qu'on ne trouve pas dans la terre, mais qu'on retire des substances qui en renferment, de même que nous avons retiré de l'hydrogène de l'eau, qui en renferme.

Tous ces charbons ont pour signe distinctif commun de brûler dans l'air en produisant beaucoup de chaleur et en donnant naissance à de l'acide carbonique. Ils sont tous infusibles : on a beau les chauffer, ils ne prennent jamais l'état liquide. Ils ont tous des usages importants : nous avons étudié les plus employés (revoir ici la leçon XXVII du *Cours élémentaire*).

Ajoutons seulement ici que tous ces corps ne sont pas des charbons purs. Ainsi, la houille renferme à peu près la sixième partie de son poids de matières étrangères, pour la plupart combustibles comme le charbon. Quand on la chauffe en vase clos, de façon qu'elle ne puisse pas brûler, faute d'air, ces matières étrangères se combinent à une partie du charbon pour donner des gaz combustibles, qui se dégagent et constituent le *gaz d'éclairage* (revoir ici la leçon LVIII du *Cours élémentaire*).

Acide carbonique. — Reprenons une expérience, que nous avons déjà faite. Dans un flacon plein d'oxygène introduisons un morceau de charbon allumé : il se mettra à brûler très vivement, sans produire aucune fumée; puis, après un instant, il s'éteindra. C'est qu'à ce moment il n'y a plus d'oxygène; tout l'oxygène s'est combiné avec le charbon. Ce qu'il y a maintenant dans le flacon, ce n'est plus de l'oxygène, c'est un gaz tout différent, formé par la combinaison de l'oxygène et du charbon, c'est ce qu'on nomme de l'*acide carbonique*.

Nous pouvons encore obtenir de l'acide carbonique plus simplement. Dans une fiole à moitié pleine d'eau introduisons des fragments d'une pierre calcaire quelconque, telle que calcaire à bâtir, marbre, craie; versons en outre quelques gouttes d'acide sulfurique, et fermons avec un bouchon muni d'un tube à dégagement se rendant dans une terrine.

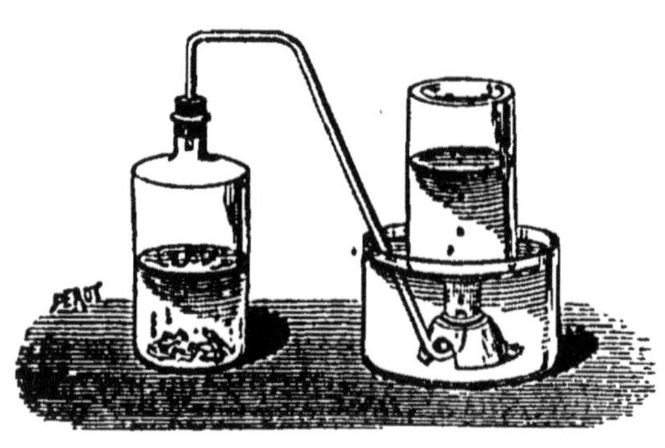

On obtient de l'acide carbonique en décomposant le calcaire par l'acide sulfurique.

L'acide sulfurique chasse l'acide carbonique du calcaire, qui en renferme (page 2), et cet acide se dégage; nous pouvons en remplir plusieurs flacons.

Étudions ses propriétés.

C'est un gaz incolore, ayant une odeur et une saveur très faibles, légèrement piquantes. Il ressemble donc beaucoup, au premier abord, à tous ceux que nous avons étu-

11.

diés jusqu'ici. C'est surtout à l'azote qu'il ressemble, car, comme l'azote, il ne brûle pas et éteint les corps enflammés; vous pouvez vous en convaincre par les expériences que je fais devant vous.

Comment donc le distinguer de l'azote? Le voici. Vous connaissez la pierre de chaux, avec laquelle les maçons font la chaux de leur mortier. J'ai pris un morceau de pierre de chaux, je l'ai mis dans un vase plein d'eau : la chaux s'est délayée dans l'eau. J'ai agité pendant quelques instants, l'eau est devenue toute blanche, semblable à du lait : j'avais ainsi fabriqué le *lait de chaux*, avec lequel on badigeonne les murs de vos classes.

J'ai laissé ce lait de chaux se reposer pendant quelques heures : presque toute la chaux est allée au fond, et il n'en est plus resté dans l'eau qu'une petite quantité en dissolution. J'ai ainsi obtenu l'*eau de chaux* que je vous montre, limpide comme de l'eau pure, mais contenant un peu de chaux.

Eh bien, cette eau de chaux, versée dans un flacon qui renferme de l'azote, reste limpide, tandis qu'elle se trouble quand je la verse dans ce flacon rempli d'acide carbonique.

L'acide carbonique pèse une fois et demie plus que l'air. Pas plus que l'hydrogène, pas plus que l'azote, il n'est capable d'entretenir la respiration; mais il n'est pas un poison. Bien plus, l'eau qui renferme beaucoup d'acide carbonique active la digestion. L'eau de Seltz est une eau dans laquelle on a fait dissoudre, grâce à une forte pression, une grande quantité d'acide carbonique.

Sources naturelles d'acide carbonique. — C'est par *milliards de mètres cubes* qu'il faut estimer la quantité d'acide carbonique qui se répand *chaque jour* dans l'air.

Voyons d'où il vient.

1° Il s'en dégage du sol en maints endroits, venant des profondeurs de la terre. Il n'est pas rare qu'il s'en produise assez, dans certaines grottes ou certaines caves, pour rendre l'air irrespirable et mortel. Quand on soupçonne qu'une grotte ou une cave renferme de l'acide carbonique, on ne doit y pénétrer qu'une bougie à la main : comme l'acide carbonique éteint tous les corps en combustion, il éteindra la bougie, et on sera averti qu'il y aurait danger à demeurer plus longtemps dans cette atmosphère viciée.

2° Toutes les combustions que l'on produit à la surface du sol forment d'énormes quantités d'acide carbonique ; car toutes les matières que nous brûlons d'habitude renferment du charbon.

3° La respiration de l'homme et de tous les animaux dégage, comme nous l'avons déjà dit, de l'acide carbonique. Pour montrer que l'air qui sort des poumons renferme de l'acide carbonique, je souffle avec une paille dans de l'eau de chaux bien limpide : vous la voyez tout de suite se troubler.

L'air respiré renferme de l'acide carbonique, car il trouble l'eau de chaux.

4° Enfin, toutes les matières animales ou végétales qui se décomposent, qui fermentent, qui se putréfient, sont autant de sources d'acide carbonique. Le fumier en décomposition produit de l'acide carbonique ; le raisin qui fermente en produit aussi : c'est ce qui fait *bouillir* le vin doux dans la cuve. Il ne faut entrer qu'avec méfiance dans une cave où le vin est en fermentation ; car l'atmosphère pourrait contenir une telle quantité d'acide carbonique, qu'il ne serait plus respirable.

Acide carbonique de l'air. — Vous ne pouvez pas être étonnés, dès lors, qu'il y ait de l'acide carbonique dans l'air. Pour montrer qu'en effet il y en a nous n'avons qu'à mettre de l'eau de chaux dans une soucoupe et à la laisser en repos. Elle se couvre peu à peu d'une petite croûte, qui n'est autre que la substance qui trouble l'eau de chaux quand on l'agite avec de l'acide carbonique.

La proportion d'acide carbonique qui se trouve dans

l'air est pourtant très faible : il n'y en a pas plus d'un demi-gramme par mètre cube d'air.

Cette proportion semble extrêmement minime, quand on pense à la quantité d'acide carbonique qui se produit chaque jour. Mais la masse d'air qui entoure le globe est si prodigieusement énorme, que des milliards de mètres cubes d'acide carbonique s'y perdent comme se perdrait une goutte de vin versée dans l'eau de la mer.

Ajoutons, de plus, que l'acide carbonique qui entre dans l'air par tant de portes n'y séjourne pas longtemps. Nous avons vu, en effet (voir le *Cours moyen*, p. 153), que les plantes enlèvent à chaque instant l'acide carbonique à l'air, et lui rendent de l'oxygène.

L'animal a dans le corps du charbon, qu'il a mangé sous forme de pain ou de viande; il prend l'oxygène de l'air, brûle son charbon et rend l'acide carbonique : cela s'appelle la respiration. La plante fait juste le contraire : elle a besoin de charbon pour pousser ; elle absorbe, par ses feuilles, l'acide carbonique de l'air, et, aidée par la lumière du soleil, elle décompose cet acide carbonique, garde le charbon et renvoie l'oxygène pur : cela s'appelle la nutrition de la plante; elle se nourrit autant par ses feuilles que par ses racines.

L'acide carbonique de l'air est donc indispensable à la vie des plantes; sans lui, les plantes mourraient bien vite, et après elles les animaux; car les plantes constituent la nourriture des animaux. Vous voyez que l'acide carbonique est aussi indispensable à l'air que l'oxygène, que l'azote, et que la vapeur d'eau.

On doit donc dire que l'air est formé d'azote, d'oxygène, de vapeur d'eau et d'acide carbonique, et que si un de ces quatre corps venait à y manquer, tous les êtres vivants cesseraient d'exister.

Devoirs écrits. — Résumer vos connaissances sur l'acide carbonique. — Quelles sont les sources naturelles d'acide carbonique? — Quel est le rôle de l'acide carbonique dans l'air, et comment peut-on montrer la présence de l'acide carbonique dans l'air?

IV. — SOUFRE. — PHOSPHORE. — CHLORE.

Le soufre. — Prenez une allumette chimique, et regardez-la avec attention. A l'extrémité vous voyez, sur une longueur d'un centimètre, une sorte de vernis,d'un jaune pâle : c'est du *soufre*.

Le soufre est donc un solide jaune clair, qu'on vend tantôt en bâtons cylindriques bien luisants, tantôt en une poudre impalpable nommée *fleur de soufre*.

Le soufre est facilement fondu par la chaleur, facilement volatilisé aussi. Il est très combustible : quand on l'enflamme, il brûle avec une jolie flamme d'un bleu pâle. Dans la combustion, il se forme une combinaison de soufre et d'oxygène, connue sous le nom d'*acide sulfureux*. Cet acide sulfureux est incolore, comme tous les gaz que nous avons étudiés jusqu'ici; mais il a une odeur forte et piquante. Vous connaissez parfaitement son odeur, c'est celle d'une allumette que l'on vient d'enflammer.

Le soufre peut se combiner avec bien d'autres corps que l'oxygène. Toutes les combustions que nous avons vues jusqu'à présent se produisaient dans l'air ou dans l'oxygène; le soufre va, pour la première fois, nous en montrer d'autres.

Sur ce morceau d'assiette, fortement chauffé dans le feu, je jette à la fois quelques fragments de soufre et quelques petites rognures fines de cuivre. Nous voyons aussitôt se produire une vive incandescence : le cuivre se combine au soufre, avec production d'une forte chaleur.

L'oxygène n'est donc pas le seul corps qui soit capable de s'unir aux autres en produisant de la chaleur, et de former par cette union des *combinaisons* distinctes des corps primitifs.

Les *combustions* dans l'air ont simplement cela de remarquable, qu'elles se produisent plus souvent et sont plus importantes que les autres, puisqu'il y a de l'air partout ; tandis que les *combinaisons* ou *combustions* dans lesquelles il n'y a pas d'oxygène n'ont lieu en général que dans les laboratoires des chimistes ou dans les usines des industriels.

Sur notre débris d'assiette, nous aurions pu mettre un mélange de soufre et de fer : il y aurait eu aussi combinaison. Quand la combinaison est terminée, il ne reste plus ni soufre ni fer : on a, à la place de ces corps, une combinaison noire et dure, formée de soufre et de fer, qu'on nomme *sulfure de fer*. De même, le résultat de la combinaison du soufre et du cuivre est le *sulfure de cuivre*.

Le soufre est très répandu dans la nature. — Le soufre est très répandu dans la nature, quoiqu'il le soit moins que l'oxygène, l'hydrogène, l'azote et le charbon. Une combinaison de soufre et de fer, que les géologues appellent *pyrite*, dont je vous montre un échantillon, est très commune dans beaucoup de pays, et notamment en France.

On trouve aussi dans la terre d'immenses amas de *sulfate de chaux* ou *pierre à plâtre*, combinaison dans laquelle entre beaucoup de soufre ; le plâtre contient donc du soufre.

Enfin, on trouve du soufre naturel, non *combiné*, mais seulement mélangé avec de la terre, dans beaucoup de terrains volcaniques. C'est de là qu'on le retire : la Sicile nous fournit la plus grande partie du soufre qui est employé en France.

Les usages du soufre. — Les usages du soufre sont nombreux et importants. On en emploie en France plus de 80 millions de kilogrammes par an :

1° Mélangé au salpêtre et au charbon, il sert à préparer la poudre.

2° Il est employé à fabriquer les mèches soufrées qu'on brûle dans les tonneaux pour empêcher le vin de se piquer.

3° La fleur de soufre, mélangée à de la graisse, est utilisée en médecine pour le traitement des maladies de la
peau.

4° La fleur de soufre sert à traiter une maladie de la
vigne, l'*oïdium*.

5° Il entre dans la composition des allumettes chimiques.

6° Avec le soufre on prépare l'acide sulfureux. Nous
avons vu que l'acide sulfureux est la combinaison de soufre
et d'oxygène qui se produit quand on fait brûler le soufre
dans l'air. Ce gaz a le pouvoir de décolorer complètement beaucoup de substances colorées. Ainsi, la laine et
la soie neuves, qui ne sont jamais bien blanches, sont blanchies par l'acide sulfureux. On suspend les écheveaux de
laine ou de soie dans une grande chambre. On y allume
du soufre; l'acide sulfureux qui se produit se répand dans
toute la chambre, et agit sur les écheveaux pour les blan-
chir complètement.

Veut-on, dans les ménages, enlever sur du linge des
taches de vin ou de fruits, on opère comme je le fais en ce
moment devant vous; on mouille la tache, et on fait
brûler au-dessous d'elle quelques allumettes : elle disparaît aussitôt.

En faisant brûler quelques allumettes au-dessous d'une rose, on la décolore
immédiatement.

De même, je fais brûler des allumettes sous des violettes, sous une rose ; ces fleurs deviennent blanches immédiatement.

7° Enfin, pour ne plus indiquer que l'usage le plus important du soufre, il sert à préparer l'*acide sulfurique*, liquide huileux vulgairement appelé *huile de vitriol*. L'acide sulfurique est une combinaison de soufre et d'oxygène ; mais ce n'est pas la même que l'acide sulfureux. Il sert dans presque toutes les industries. Vous aurez une idée de l'importance de cet acide, quand je vous aurai dit qu'on en utilise en France plus de 100 millions de kilogrammes par an.

Le phosphore. — Le *phosphore* est ce qui se trouve tout à fait à l'extrémité des allumettes. Seulement, le phosphore des allumettes est coloré en bleu, en rouge ou en brun, pour qu'on le voie plus facilement, tandis que le phosphore pur est un solide d'un jaune plus pâle que celui du soufre.

C'est, comme vous allez le voir, un corps fort curieux, très différent de ceux que nous avons étudiés jusqu'à ce moment.

Le phosphore est ordinairement mis par les fabricants sous la forme de bâtons gros comme le doigt. Il est d'un jaune pâle, translucide, assez flexible. Il se fond très aisément, puisqu'il suffit de le chauffer jusqu'à la température de 44°, qui est celle de l'eau tiède, pour qu'il prenne l'état liquide. Mais il faudrait bien se garder de le chauffer sans précautions particulières, comme on ferait chauffer du soufre ou du plomb : il prendrait feu immédiatement. C'est, en effet, de tous les corps usuels, celui qui s'enflamme avec le plus de facilité. La chaleur du soleil suffit souvent pour en déterminer l'inflammation.

Vous pensez qu'on doit prendre des précautions contre un corps comme celui-là ; il aurait vite allumé des incendies. Aussi, on le conserve toujours dans des flacons pleins d'eau. La simple chaleur de la main suffit à l'enflammer. Si l'on en tenait pendant un instant un morceau entre les doigts, il se mettrait presque tout de suite à flamber, et il ne serait plus temps de le lâcher : il s'attacherait à la main, pénétrerait dans les chairs et ferait d'horribles brûlures, qui ne se guériraient que fort lentement, et qui peut-être causeraient la mort. Comprenez-vous maintenant pourquoi je vous ai recommandé, il y a un moment, de prendre ce corps avec précaution ? Dangers d'incendie, dangers de brûlures graves : voilà bien des dangers que nous fait courir un seul corps. Nous n'avons pas fini, pourtant.

En effet, le phosphore est aussi un poison violent. Quand il entre dans l'estomac, il détermine d'abord des vomissements, puis une grande prostration, enfin la mort au milieu d'horribles souffrances.

Vous voyez combien de raisons vous avez de ne *jamais jouer avec le phosphore*, de ne *jamais jouer avec les allumettes*. Vous ne voudriez pas causer, par votre imprudence, des incendies, d'affreuses brûlures, ou des empoisonnements.

Parlons enfin d'une singulière propriété qu'a le phosphore : il est lumineux dans l'obscurité. Quand on frotte, dans une pièce obscure, le mur avec une allumette, il reste une trace qui est encore lumineuse au bout de quelques minutes. Cette lueur est due à une combustion lente du phosphore dans l'air.

Le phosphore est assez répandu dans la nature. — Vous pensez bien que le phosphore ne peut pas se rencontrer dans la nature à l'état pur, comme nous venons de l'étudier. S'il y en avait jamais eu, il aurait presque aussitôt pris feu, et aurait formé de l'*acide phosphorique*. Mais, en compensation, on trouve dans la terre beaucoup de combinaisons qui en renferment. Ces corps sont surtout répandus dans les terres fertiles, car ils sont indispensables à la végétation des plantes. Les engrais de toutes sortes que l'on emploie pour augmenter la fertilité des terres doivent une partie de leurs bons effets aux composés phosphorés qu'ils renferment.

Beaucoup de plantes contiennent, en effet, du phosphore dans leur composition, et ont, par conséquent, besoin de phosphore pour pousser.

Le corps des animaux renferme aussi du phosphore, et même beaucoup : il y en a dans le sang, dans l'urine, dans le cerveau, et surtout dans les os. Dans le corps d'un homme, il y a plus d'un kilogramme de phosphore, deux fois gros comme vos deux poings, de quoi faire plus de deux mille boîtes d'allumettes.

N'allez pas croire que nous risquions d'être empoisonnés pour cela. Vous savez que les corps, quand ils entrent dans les combinaisons, perdent leurs propriétés primitives. L'hydrogène est combustible, et il forme, en s'unissant à l'oxygène, l'eau, qui n'est pas combustible. De même, le phosphore, qui est combustible et très vénéneux, forme, avec l'oxygène et les autres corps, des composés qui ne sont ni combustibles ni vénéneux.

Dans l'industrie, on retire le phosphore des os de bœuf, de cheval, de mouton...

Usages du phosphore. — Le phosphore ne sert guère qu'à la confection des allumettes. Les petits morceaux de bois une fois coupés, on les trempe d'abord dans du soufre fondu, et ensuite, mais la pointe seulement, dans une pâte renfermant du phosphore. Car ce n'est pas du phosphore pur que l'on met à l'extrémité des allumettes : du phosphore pur s'enflammerait trop facilement et serait trop dangereux. De plus, comme il est presque incolore, on ne le verrait pas assez ; il pourrait arriver que l'on confondît une allumette avec un simple petit morceau de bois, et qu'on ne prît pas avec elle toutes les précautions désirables.

Pour éviter ces inconvénients, on ajoute au phosphore fondu un peu de colle forte, un peu d'eau, un peu de sable fin, et une couleur quelconque, qui le rendra plus visible.

Le phosphore ainsi coloré ne peut pas échapper au regard ; la colle et l'eau le font adhérer plus solidement à l'allumette, et en même temps l'empêchent de s'allumer aussi facilement sous l'action du soleil ou par le contact des doigts.

Quant au sable fin, il a un autre but. Vous savez qu'en frottant vivement deux corps l'un contre l'autre on les échauffe. Eh bien, c'est en frottant l'allumette contre un autre corps qu'on l'échauffe jusqu'à enflammer le phosphore. Le sable fin est mis là pour que le frottement soit plus rude et produise plus de chaleur.

Enfin, pourquoi a-t-on mis du soufre? Si l'on collait directement le phosphore sur le bois, il faudrait en mettre une quantité assez grande pour qu'il pût enflammer le bois; il en faudrait deux ou trois fois plus qu'on n'en met d'ordinaire, ce qui augmenterait le prix des allumettes et en même temps les dangers d'empoisonnement et d'incendie. On préfère mettre entre le bois et le phosphore une petite couche de soufre, qui coûte très bon marché. Le phosphore enflamme le soufre, et c'est le soufre qui enflamme le bois.

Le chlore. — Le *chlore* est un gaz, mais un gaz que la plupart d'entre vous ne connaissent pas. Je veux cependant vous le montrer.

Je me suis procuré un peu de cette sorte de bouillie blanche que l'on met en été dans les lieux d'aisances, et que les droguistes vendent sous le nom de *chlorure désinfectant*; j'en mets un peu au fond d'un verre, et j'arrose avec du vinaigre. Vous voyez de suite une sorte d'ébullition se produire : le verre se remplit de chlore.

Ce gaz est bien facile à distinguer de tous ceux que nous avons examinés jusqu'ici : il a, en effet, une couleur jaune verdâtre très prononcée, et de plus une odeur extrêmement forte et désagréable. Il serait même très dangereux de le respirer en quantité un peu grande, car c'est un poison violent.

Heureusement ce gaz ne se rencontre jamais dans la nature : il est uniquement produit par les chimistes et par les industriels.

Il en existe bien dans la nature, et même beaucoup, mais seulement à l'état de combinaison, c'est-à-dire qu'il y est combiné avec d'autres corps, et alors il n'est plus un poison. Pour n'en citer qu'un exemple, le *sel marin*, dont il y a dans les eaux de la mer tant de milliards de milliards de kilogrammes, dont on emploie chaque année tant de centaines de millions de kilogrammes, ce sel marin est formé de *chlore* et d'un autre corps nommé *sodium*, dont nous n'avons pas à nous occuper.

Le chlore est un peu comme l'oxygène, il peut faire brûler beaucoup de corps. L'hydrogène, le phosphore, le soufre, le fer, le cuivre, le zinc, qui se combinent si aisément avec l'oxygène de l'air, se combinent encore plus facilement avec le chlore ; c'est-à-dire que ces corps sont capables de brûler dans le chlore, en produisant diverses combinaisons.

La combinaison du chlore avec l'hydrogène, connue dans l'industrie sous le nom d'*acide chlorhydrique*, ou *esprit de sel*, a des usages nombreux et importants.

Usages du chlore. — Mais la propriété la plus importante du chlore est celle qu'il a de *désinfecter* et de *décolorer*.

Chaque fois que des débris animaux ou végétaux se putréfient, ils répandent autour d'eux une mauvaise odeur. Les gaz malsains qui possèdent cette mauvaise odeur sont immédiatement décomposés, détruits par le chlore : de là l'emploi du chlore pour désinfecter.

Dans la pratique, on ne désinfecte pas avec le chlore, car il serait difficile et dangereux de répandre du chlore à l'état gazeux dans l'air qu'il faut purifier. Mais on trouve chez les droguistes une bouillie blanche nommée *chlorure de chaux* ou *chlorure désinfectant*, qui contient beaucoup de chlore et qui désinfecte aussi bien que le chlore gazeux. On la met dans les endroits où se produisent les gaz infectants, et elles les décompose à mesure qu'ils arrivent.

Les couleurs sont aussi détruites par le chlore. Dans

notre verre, tout jaune du chlore dont il est rempli, j'introduis une feuille de papier tachée d'encre, et que j'ai eu soin de mouiller : l'encre disparaît de suite. Nous avons vu que l'acide sulfureux produit le même effet; mais l'action du chlore est plus forte.

Je puis aussi décolorer de l'encre, puis du vin, en y versant un peu d'une dissolution dans l'eau de mon *chlorure de chaux*.

Les étoffes bises de lin et de chanvre sont industriellement blanchies par l'action du chlore; il en est de même des chiffons qui servent à la fabrication du papier.

Du reste, dans la décoloration comme dans la désinfection, on ne se sert pas du chlore pur, mais de la bouillie de *chlorure de chaux*.

On vend aussi chez les épiciers, sous le nom d'*eau de Javel*, un liquide limpide qui contient du chlore et qui peut servir à décolorer. Les ménagères l'emploient très fréquemment.

Devoirs écrits. — Dire ce que vous savez sur le soufre. — Même devoir pour le phosphore, pour le chlore.

V. — MÉTAUX USUELS.

Les métaux. — Disons maintenant quelques mots de ces corps si importants que l'on désigne sous le nom de *métaux*.

On en connaît actuellement 53; mais ils sont loin d'avoir tous la même importance. Nous nous occuperons seulement des métaux usuels : *fer, zinc, étain, plomb, cuivre, argent, or.*

On peut dire que les progrès de la civilisation ont toujours marché de pair avec les progrès que l'on a faits dans l'art de préparer et de travailler les métaux. Pour bien vous en convaincre, vous n'avez qu'à regarder autour de nous : dites-moi un peu ce que nous deviendrions si le fer venait tout à coup à nous manquer.

Extraction des métaux. — Les métaux ne se trouvent pas dans la nature dans l'état où nous les voyons quand ils servent à nos usages journaliers. Ils sont enfermés dans le sein de la terre, soit mélangés en petits fragments avec mille autres substances, soit, bien plus souvent, combinés avec l'oxygène, le soufre, le chlore.... Tous ces composés sont appelés des *minerais*. Les minerais forment dans la terre des amas plus ou moins considérables qu'on appelle des *mines*.

Ainsi, le fer se retire d'un *minerai* qu'on nomme l'*oxyde de fer*, et les terrains desquels on retire le *minerai* de fer sont les *mines* de fer.

L'art de préparer les métaux avec les minerais qui les renferment est la *métallurgie*.

Le travail des métaux. — Les propriétés des métaux sont importantes à étudier : quand on connaît les propriétés d'un corps, on peut savoir s'il est propre à tel ou tel usage.

Tous les métaux sont solides, sauf le mercure, qui est liquide ; mais tous peuvent devenir liquides, quand on les chauffe. Le plomb, l'étain, le zinc, se fondent très facilement : on se gardera bien de les employer à faire des objets qui doivent aller au feu. Le cuivre, le fer, qui fondent plus difficilement, sont au contraire très propres à cet usage.

Voyons surtout quelles propriétés influent sur la manière de travailler les métaux.

Quand on veut réduire un métal en lames minces, on le frappe avec le marteau pour le forcer à s'étendre, ou bien on le fait passer entre deux cylindres très rapprochés l'un de l'autre, et qui constituent le *laminoir*.

Les métaux qui ne se brisent pas pendant l'opération et qui se réduisent en lames très minces sont *malléables* ; ceux, au contraire, qui se cassent quand la lame a encore une assez grande épaisseur sont *peu malléables*. L'or est le plus malléable de tous les métaux : on peut, en le battant sur une enclume, le réduire en lames à travers lesquelles on voit parfaitement le jour. Le cuivre est beaucoup plus malléable que le fer : voyez comme je réduis ce morceau de cuivre en lame mince en le frappant à coups redoublés avec mon marteau ; je n'obtiens pas un aussi bon résultat avec ce morceau de fer. Le *clinquant* est du cuivre réduit en lame très mince ; la *tôle* ou fer en lame a toujours une épaisseur plus grande.

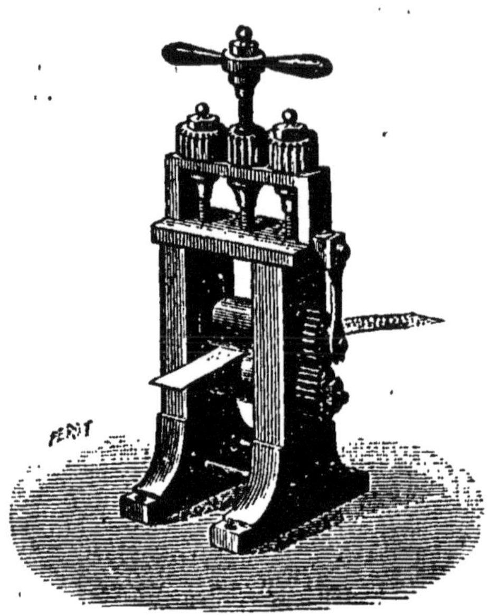

Pour réduire un métal à l'état de lame mince, on le fait passer au laminoir.

Pour réduire un métal à l'état de fil fin, on le fait passer à la filière.

Supposez maintenant qu'on ait à réduire un métal en un fil fin. Pour y arriver, on fait passer une barre de métal dans des trous percés dans une plaque d'acier nommée *filière*. Quand l'extrémité de la barre a passé à travers un trou, on la prend de l'autre côté avec des tenailles et on tire fortement pour forcer le tout à passer. On recommence avec des trous de plus en plus fins, jusqu'à ce que le fil se casse quand on tire, et cesse ainsi de passer. On dit qu'un métal est d'autant plus *ductile*, qu'on peut, par ce procédé, le réduire en fil plus fin.

L'or est encore le plus ductile des métaux : on fait des fils d'or à peine visibles. Le cuivre et le fer sont également très ductiles : aussi peut-on faire des fils de fer très fins.

Passons à une autre propriété. Voici un fil de fer dont le diamètre est d'à peu près 1 millimètre. Attachons-le au plafond par une de ses extrémités, et à l'autre extrémité attachons un panier ; dans le panier ajoutons successivement des pierres, jusqu'à ce que le fil se casse. Le poids qu'a le panier au moment où la rupture se produit mesure ce qu'on nomme la *ténacité* du fil. Notre fer était de bonne qualité ; il a fallu 50 kilogrammes pour le casser. Un fil de cuivre de même grosseur n'aurait pas supporté, à beaucoup près, une charge aussi considérable ; un fil de plomb n'aurait pas porté plus de 2 kilogrammes. Le fer est le plus *tenace*, et le plomb le moins *tenace* des métaux usuels.

On mesure la ténacité d'un fil métallique par le poids qu'il peut supporter sans se rompre.

Quand on aura besoin d'un métal *solide*, par exemple pour faire le soc d'une charrue ou la chaudière d'une machine à vapeur, on prendra le fer.

La *dureté*, enfin, est mesurée par la facilité avec laquelle un métal use les autres corps ou est usé par eux. Vous voyez, par exemple, que le fer est assez dur pour rayer les pierres, tandis que le plomb est rayé par l'ongle.

Le fer est le plus dur, comme il est le plus tenace des

métaux usuels. Chaque fois qu'un objet devra supporter des chocs ou des frottements, comme cela a lieu pour un marteau, une enclume, les rails des chemins de fer, les cercles des roues de voitures, etc., il devra être en fer.

Action de l'air et des acides sur les métaux. — Mais ce n'est pas tout qu'un métal soit assez dur ou assez mou, assez malléable ou assez ductile, il faut encore qu'il conserve ses propriétés pendant longtemps, qu'il ne s'altère pas trop vite.

Or, tous les métaux usuels sont soumis constamment à l'action de l'air, de l'oxygène, de la vapeur d'eau et de l'acide carbonique de l'air; si un métal a servi à fabriquer un vase, il sera soumis de plus à l'action des liquides qu'on mettra à l'intérieur.

Nous dirons un mot de ces actions à propos de chaque métal.

Le fer et le cuivre. — Nous avons longuement parlé du *fer* et du *cuivre* dans les leçons XXXIII et XXXIV du *Cours élémentaire*. Nous n'avons donc qu'à revoir ici ces deux importantes leçons : nous le ferons avec soin, car ces deux métaux sont les plus importants des métaux usuels.

Le zinc. — Quand il est neuf, le *zinc* a une jolie couleur d'un blanc bleuâtre; mais il ne tarde pas à se ternir à l'air. Il est facilement fusible, et peu tenace : il ne peut donc pas être employé pour fabriquer des objets destinés à aller sur le feu, ni ceux qui demandent de la solidité.

Les lames de zinc sont souvent employées pour couvrir les maisons, pour fabriquer des gouttières et des tuyaux. Avec les lames de zinc, on fait encore divers ustensiles de ménage, tels que les baignoires, et les seaux dans lesquels on conserve l'eau.

Il n'y a pas bien longtemps encore, les seaux employés presque partout étaient en bois : ils coûtaient plus cher que les seaux en zinc, et ils donnaient à l'eau un mauvais goût et une odeur désagréable. L'eau conservée dans des

12.

seaux en bois est mauvaise à la santé, surtout quand le seau est vieux, et que le bois commence à se pourrir.

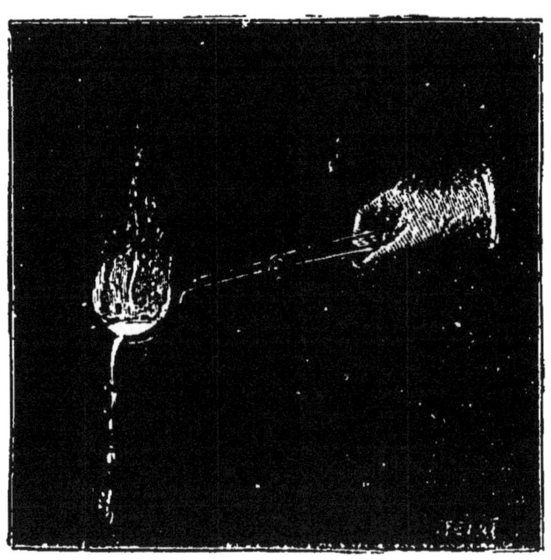

Le zinc est facilement fusible, et très combustible.

Le zinc, au contraire, ne s'altère jamais dans l'air ni dans l'eau : après qu'il s'est recouvert de la couche grise qui lui fait perdre son éclat primitif, il se conserve indéfiniment. Mais il n'en serait pas de même si l'on mettait dans les vases en zinc toute autre chose que de l'eau. Les liquides acides, le vinaigre, le verjus, le jus de citron, le vin, le cidre, la bière, le détériorent rapidement. Si l'on laissait séjourner ces liquides dans un vase en zinc, ils pourraient même causer de véritables empoisonnements. Vous concevez alors pourquoi on ne fait jamais en zinc les vases qui doivent servir à préparer et à conserver les aliments.

Le plomb. — Le *plomb* ressemble beaucoup au zinc : il a le même éclat et la même couleur quand il est récemment fondu ou qu'on le gratte avec un couteau ; il se ternit tout aussi rapidement à l'air. Mais il est bien plus mou :

vous pouvez le rayer avec l'ongle. Quand on le frotte sur du papier, il laisse une trace grise.

On se sert du plomb chaque fois qu'on a besoin d'un métal qui puisse se plier et se replier sans casser. Les tuyaux qui conduisent l'eau et le gaz d'éclairage sont en plomb. Des tuyaux en zinc ou en fer ne seraient pas aussi commodes, car on ne pourrait pas, sans les briser, les courber pour les faire passer partout. C'est aussi avec du plomb que l'on fait les balles de fusil et les grains avec lesquels on charge les armes de chasse.

L'étain. — *L'étain* est plus blanc que le zinc et que le plomb. Il est presque aussi mou que le plomb, et se ternit tout aussi facilement à l'air.

En le battant avec un marteau, on peut aisément le réduire en feuilles très minces. Les feuilles avec lesquelles on recouvre le chocolat pour le préserver de l'humidité sont en étain.

Ce que l'étain a de particulièrement précieux, c'est qu'il n'est pas attaqué par les corps qui attaquent le zinc. Tous les liquides, tous les aliments qui sont employés dans nos ménages peuvent se préparer et se conserver dans des vases en étain. Avec l'étain, on fabrique des couverts, des plats, des vases pour mesurer les boissons.

Les casseroles en fer et en cuivre dans lesquelles on fait la cuisine sont toujours recouvertes d'étain intérieurement.

L'argent et l'or. — *L'argent* est tout à fait inaltérable à l'air, et de plus, comme il est rare, il a une grande valeur. Aussi est-il employé comme métal monétaire. Il sert en outre dans la bijouterie. On en recouvre, par la galvanoplastie, les métaux altérables, comme le cuivre. Au point de vue industriel, il n'a guère d'importance.

L'or est inaltérable, comme l'argent ; il est cher, comme l'argent, beaucoup plus cher même. Ses usages sont les mêmes.

Les alliages. — Ce ne sont pas seulement les métaux purs qui sont employés, mais aussi les mélanges de deux ou plusieurs métaux. Ces mélanges sont appelés *alliages*.

Quand aucun métal ne possède les qualités que l'on désire, on les unit plusieurs ensemble pour former un alliage atteignant le but que l'on se propose.

Par exemple : l'or pur est trop mou ; les monnaies faites

Les monnaies d'or sont faites d'un alliage d'or et de cuivre.

d'or pur s'useraient très rapidement, perdraient de leur poids et de leur valeur : on y ajoute un peu de cuivre, et on a un alliage aussi inaltérable que l'or, mais plus résistant.

Les alliages ont une importance aussi grande que les métaux. Le fer est le seul métal qui ne donne pas d'alliages utiles ; mais d'autres métaux sont plus employés à l'état d'alliage qu'à l'état pur : tels sont le cuivre et le zinc.

Ainsi, la *monnaie d'or* et les *bijoux d'or* sont formés d'or

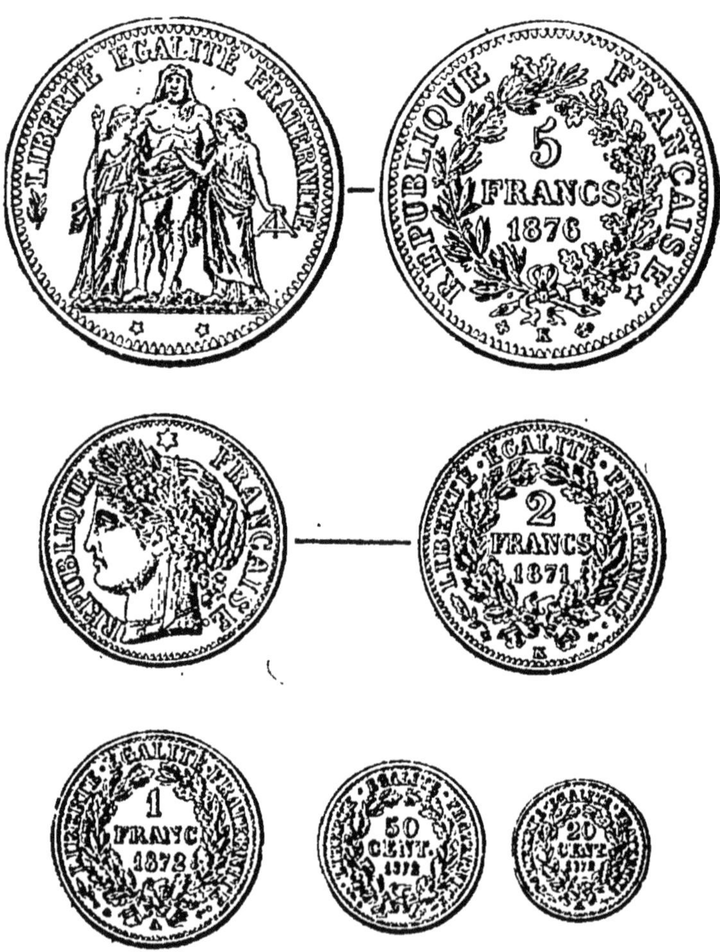

Les monnaies d'argent sont faites d'un alliage d'argent et de cuivre.

et de cuivre. La *monnaie d'argent* et les *bijoux d'argent* contiennent de l'argent et du cuivre.

Les *bronzes* divers, bronzes d'aluminium, bronze monétaire, bronze des canons, des cloches, des cymbales, sont des alliages renfermant tous beaucoup de cuivre, avec de

Les monnaies de bronze sont faites d'un alliage de cuivre, d'étain et de zinc.

l'aluminium, du zinc, de l'étain, en proportions variables.

Le *laiton*, ou *cuivre jaune*, le plus important des alliages, contient du cuivre et du zinc.

Les *caractères d'imprimerie* renferment du plomb et de l'antimoine; le *maillechort* est formé de cuivre, de zinc et de nickel.

Devoirs écrits. — Faire exposer, dans des devoirs écrits, les propriétés générales des métaux usuels, ainsi que les propriétés particulières et les usages de chacun d'eux.

VI. — CORPS SIMPLES ET CORPS COMPOSÉS.

Corps simples et corps composés. — Résumons maintenant un certain nombre des notions de chimie qui précèdent.

Reprenons, pour cela, la décomposition de l'eau par la pile. Elle nous montre que l'eau renferme deux corps distincts, l'oxygène et l'hydrogène. Inversement, nous pouvons prendre l'oxygène et l'hydrogène, les combiner et reformer de l'eau.

L'eau est donc un corps *composé* d'oxygène et d'hydrogène. Il est complexe, il n'est pas simple : on dit que c'est un *corps composé*.

On nomme en général *corps composé* tout corps que l'on peut former par l'*union de deux ou de plusieurs autres corps*. Donnons quelques exemples, pris parmi ceux que nous connaissons.

Quand le soufre brûle dans l'oxygène, il se forme une combinaison de soufre et d'oxygène, nommée acide sulfureux : l'acide sulfureux est un corps composé.

Quand on chauffe du chlorate de potasse dans une cornue, on en retire de l'oxygène, tandis qu'un autre corps, solide, reste dans l'appareil : le chlorate de potasse est un corps composé.

Corps composés aussi sont l'acide carbonique, la rouille ou oxyde de fer, le sulfure de fer, l'acide chlorhydrique, pour ne parler que de quelques-uns des corps dont nous avons prononcé le nom.

Prenons maintenant de l'oxygène. Nous avons beau le chauffer, le soumettre à l'action du courant électrique, nous n'en retirerons jamais rien, il restera toujours de l'oxygène. Pour le changer, il faudra absolument le mettre en présence d'un autre corps, le *combiner* avec un autre corps, hydrogène, soufre, phosphore. Mais quand il sera seul, il nous sera impossible, quoi que nous fassions, de le *décomposer* de manière à en tirer deux ou plusieurs corps différents de lui. L'oxygène est un *corps simple*.

Les *corps simples* sont ceux qu'il est impossible de décomposer, ceux avec lesquels on ne peut obtenir aucun autre corps, à moins d'y ajouter quelque chose.

Énumération de quelques corps simples. — On connaît actuellement 68 corps simples. Nous en avons passé en revue un certain nombre : l'oxygène, l'hydrogène, l'azote, le soufre, le phosphore, le chlore, le charbon, le fer, le zinc, l'étain, le plomb, le cuivre, l'or et l'argent.

Ces 68 corps simples s'unissent entre eux, par deux, par trois, par quatre, pour former tous les corps composés : les corps composés sont en nombre extrêmement considérable. Lorsqu'on détruit complètement un corps composé, on est toujours certain d'y retrouver deux, trois ou quatre des corps simples.

Vous voyez qu'en somme tous les corps qui sont à la surface du sol, tous les minéraux, toutes les plantes et tous les animaux, tous les produits de la nature et de l'industrie, sont formés avec un petit nombre de matériaux différents, 68 en tout. Encore parmi ces 68 corps simples en est-il un bon nombre qui sont rares, tandis que d'autres, tels que l'oxygène, l'hydrogène, l'azote, le charbon, l'aluminium, qui entre dans la composition de l'argile, le silicium, qui forme les pierres siliceuses, constituent la presque totalité des corps connus.

Mélange et combinaison. — Au commencement de nos leçons de chimie, nous avons dit que l'eau est une *combinaison* d'oxygène et d'hydrogène; nous avons dit ensuite que l'air est un *mélange* d'oxygène, d'azote, de vapeur d'eau et d'acide carbonique.

Ces deux mots, *combinaison* et *mélange*, ont-ils le même sens? Comprenez bien que non.

Voici devant vos yeux de la fine limaille de fer, d'un gris foncé, que notre aimant attire fortement; voici maintenant, sur un autre morceau de papier, du soufre en une poudre jaune impalpable. Je verse le soufre sur le fer, et je remue pendant quelques instants, de manière que le soufre et le fer ne soient plus séparés.

Nous avons maintenant une poudre nouvelle, renfermant du soufre et du fer. Cette poudre est-elle un *mélange* de soufre et de fer, ou une *combinaison* de soufre et de fer? C'est un *mélange*.

Dans cette poudre, en effet, chacun des corps a conservé son apparence et ses propriétés. Nous pouvons, à l'aide de la loupe, y distinguer encore les grains de fer des grains de soufre; si nous approchons notre aimant, le fer est attiré, comme s'il était seul, et le soufre reste. Si nous versons le tout dans l'eau, et que nous agitions vivement pendant quelques instants, notre poudre se sépare, quand l'eau est redevenue calme, en deux couches distinctes : la couche inférieure est formée par le fer, qui, plus lourd, est tombé plus rapidement au fond; la couche supérieure ne renferme que du soufre.

Mais opérons autrement. Ajoutons de nouveau de la poussière de soufre à de la limaille de fer et chauffons le tout sur ce morceau d'assiette cassée. Nous voyons tout à coup se produire une sorte d'ébullition : pendant quelques instants il se dégage beaucoup de chaleur, puis tout redevient calme. A la place de la poussière, nous avons une masse solide noirâtre. Pulvérisons finement cette masse avec un pilon. La poussière obtenue peut être regardée à la loupe, on n'y distingue plus ni fer ni soufre; nous pouvons en

La **combinaison du soufre et du fer** est accompagnée d'un grand dégagement de chaleur.

approcher l'aimant, il n'attire plus rien; nous pouvons la mettre dans l'eau, il ne se produit aucune séparation.

C'est que nous avons maintenant une *combinaison*, et non plus un *mélange*.

Eh bien! chaque fois que deux corps mis en présence dans des conditions convenables ne produisent pas de chaleur et conservent chacun ses propriétés distinctives, il y a *mélange*. Au contraire, si les deux corps produisent de la chaleur et forment par leur union un corps nouveau n'ayant pas les propriétés de ceux qui le produisent, on dit qu'il y a *combinaison*.

L'eau est une combinaison, l'air est un mélange. — Appliquons ces explications au cas de l'eau et au cas de l'air.

L'eau, qui renferme de l'oxygène et de l'hydrogène, n'a pourtant aucune des propriétés de ces deux gaz. Elle n'est pas combustible, quoiqu'elle renferme de l'hydrogène, qui s'enflamme si facilement; elle éteint en général les corps en combustion, quoiqu'elle renferme de l'oxygène qui active énormément la combustion. Enfin, pour la produire, il ne suffit pas de mettre en présence de l'oxygène et de l'hydrogène; il faut, de plus, approcher une allumette, qui détermine la combustion, c'est-à-dire la *combinaison* de l'oxygène et de l'hydrogène.

Pour l'air, il en est tout autrement. L'air n'a pas de propriétés différentes de celles de l'oxygène, de l'azote, de l'acide carbonique et de la vapeur d'eau. Dans l'air, chaque gaz conserve ses manières d'agir : l'oxygène continue à entretenir la combustion, et la vapeur d'eau continue à se condenser par le froid. Il y a simplement *mélange*.

Acides et bases. — Quand les corps simples se combinent *deux à deux*, ils forment les moins complexes des corps composés.

Parmi ces composés les plus simples, il y en a beaucoup qui ont un goût acide comme celui du vinaigre, qui sont corrosifs, qui rongent plus ou moins facilement les métaux usuels, comme le fait devant vous la goutte d'acide sulfurique versée sur ce morceau de fer. Ces composés-là, on les appelle *acides* : tels sont l'acide carbonique, combinaison de charbon et d'oxygène; l'acide sulfureux et l'acide sulfurique, combinaisons de soufre et d'oxygène; l'acide phosphorique, combinaison de phosphore et d'oxygène; l'acide chlorhydrique, combinaison de chlore et d'hydrogène.

D'autres, parmi ces composés, sont tout différents : ils ne rongent pas les métaux, ils ont une saveur plus ou moins analogue à celle de l'encre, mais jamais acide. Et surtout ils sont capables de se combiner avec les acides, et d'enlever à ceux-ci leur goût et leur pouvoir corrosif. Ces composés s'appellent des *bases*.

L'oxyde de fer, combinaison de fer et d'oxygène; la *chaux*, combinaison d'un métal nommé calcium et d'oxygène, sont des bases.

Il existe aussi beaucoup de composés de deux corps simples entre eux, qui ne sont ni des acides ni des bases. Vous connaissez le sel marin, combinaison du chlore avec le métal sodium, et l'eau, combinaison de l'oxygène avec l'hydrogène.

Métalloïdes, métaux. — Les corps simples qui, en s'unissant à l'oxygène, forment des acides, sont appelés des *métalloïdes*. Ceux que nous avons étudiés les premiers, hydrogène, azote, soufre, phosphore, chlore et charbon, qui forment des acides en se combinant avec l'oxygène, sont des métalloïdes. L'oxygène est aussi un métalloïde. Vous voyez que les métalloïdes sont souvent gazeux; quand ils sont solides, ils sont ternes et sans éclat; ils sont mauvais conducteurs de la chaleur et de l'électricité.

Les corps simples qui, au contraire, forment les *bases* quand ils s'unissent à l'oxygène, sont appelés des *métaux*. Les métaux sont opaques, très éclatants et susceptibles d'un beau poli; ils sont plus ductiles et plus malléables que les métalloïdes; ils sont meilleurs conducteurs de la chaleur et de l'électricité.

Sels. — Les acides ont une grande importance industrielle; on utilise chaque année des millions de kilogrammes d'acide sulfurique, d'acide azotique, d'acide chlorhydrique et autres. Les bases servent beaucoup moins, et il n'y a guère que la *chaux* qui soit employée en très grande quantité.

Mais les acides et les bases, en se combinant, forment des composés complexes, plus employés encore que les uns et les autres. Les acides et les bases ont, en effet, la propriété de se combiner entre eux.

Prenons dans un verre une dissolution de *potasse*. La *potasse* est une base formée par la combinaison de l'oxygène avec le métal potassium ; c'est un corps très caustique, capable d'attaquer la peau avec une grande énergie ; les pharmaciens le vendent sous le nom de *pierre à cautère*. Dans cette dissolution de potasse, versons de l'acide sulfurique ; l'acide sulfurique est très corrosif, il emporte aussi la peau presque instantanément.

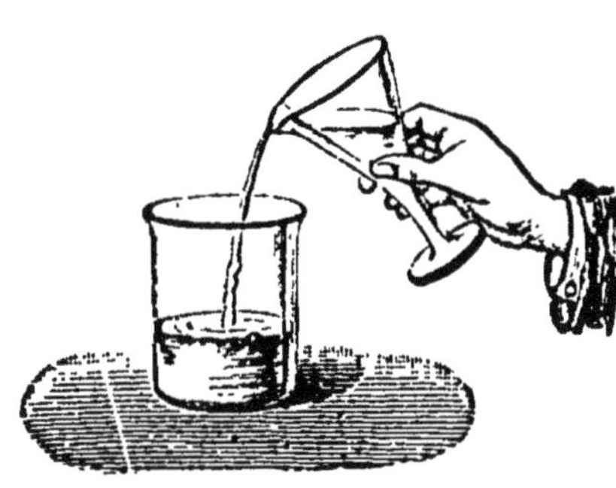
En versant de l'acide sulfurique dans une dissolution de potasse on obtient un sel, le sulfate de potasse.

Eh bien! ces deux corps si dangereux se combinent pour former un corps inoffensif, le *sulfate de potasse*. Le sulfate de potasse est un *sel*.

On appelle sel tout corps qui résulte de l'union, de la combinaison d'un acide et d'une base. On trouve dans la nature, on prépare dans l'industrie un grand nombre de sels, et beaucoup de sels ont des usages importants, comme nous allons le voir.

Devoirs écrits. — Qu'est-ce qu'un corps simple? Qu'est-ce qu'un corps composé? Donner de nombreux exemples. — Comment distingue-t-on un mélange d'une combinaison? Donner des exemples.

VII. — COMPOSÉS USUELS.

Importance des corps composés. — Nous avons vu de quelle utilité sont, dans la nature ou dans l'industrie, un grand nombre de corps simples, tels que l'oxygène, l'azote, le carbone, le fer, le cuivre, le plomb... et beaucoup d'autres.

Les corps composés, beaucoup plus nombreux que les corps simples, sont tout aussi importants pour nous.

Vous avez compris, par exemple, que nous ne saurions vivre sans l'eau, qui est une combinaison d'oxygène et d'hydrogène, sans l'acide carbonique, cette combinaison d'oxygène et de charbon, à laquelle les plantes empruntent une partie de leur nourriture.

Notre corps lui-même est une réunion d'un grand nombre de corps composés, de même que le corps des animaux et celui des végétaux. La graisse, le beurre, le bois, le sucre, l'alcool... sont des combinaisons d'oxygène, d'hydrogène et de charbon; la viande, la farine, le blanc et le jaune d'œuf, le lait... sont formés de divers composés contenant de l'oxygène, de l'hydrogène, du charbon, de l'azote et un peu de soufre.

Toutes les pierres dont nous avons parlé dans le *Cours élémentaire* et dans la première partie du *Cours supérieur* sont des corps composés. Les *pierres siliceuses* sont des combinaisons d'oxygène et d'un autre métalloïde nommé le silicium; la *pierre à plâtre* est une combinaison de soufre, d'oxygène et d'un métal nommé le calcium; les *pierres calcaires* sont des combinaisons de charbon, d'oxygène et de calcium; l'*argile* renferme de l'oxygène, du silicium et un métal nommé aluminium. Je n'en finirais pas si je voulais vous donner la composition de tous les corps que vous connaissez.

Je veux seulement vous parler, pour terminer, de quelques corps composés dont nous n'avons encore rien dit.

Les acides usuels. — Plusieurs acides sont fort employés dans l'industrie.

L'acide azotique ou *nitrique,* appelé aussi *eau-forte,* est une combinaison d'azote et d'oxygène. C'est un liquide incolore ou légèrement coloré en jaune : il répand à l'air des fumées blanches et suffocantes. Il attaque les métaux avec une extrême violence, et se décompose en même temps de manière à produire un gaz rouge très dangereux.

L'industrie prépare, chaque année, une quantité considérable d'acide azotique. Ses usages, en effet, sont nombreux. L'acide azotique est employé dans la gravure sur cuivre, sur acier et sur pierre ; il sert à la préparation

L'acide azotique sert à ronger le cuivre dans la gravure appelée gravure à l'eau-forte.

La dynamite est employée pour faire sauter les pierres dans les carrières.

d'un grand nombre d'autres composés, tels que l'acide sulfurique et la *dynamite*, cette matière explosive si puissante, dont vous avez sans doute entendu parler.

L'acide chlorhydrique est une combinaison de chlore et d'hydrogène. C'est un gaz, mais il est constamment employé à l'état de dissolution dans l'eau, formant alors un liquide incolore, fumant, très corrosif. Il sert aussi pour ronger les métaux, et surtout pour préparer le chlore, ainsi que les chlorures décolorants et désinfectants.

L'acide sulfurique est une combinaison de soufre et d'oxygène. C'est un liquide incolore, inodore, un peu visqueux, très lourd. Il est plus dangereux encore que les deux autres acides. Voyez comme il noircit immédiatement un bouchon, un morceau de bois, un morceau de sucre sur lequel je le verse. Il attaque et perfore encore plus rapidement les étoffes et la peau. Il est impossible d'énumérer tous ses usages : presque toutes les industries chimiques l'utilisent. Il est employé dans la préparation de l'acide azotique, de l'acide chlorhydrique, des bougies, de l'alun, du phosphore.... et d'un grand nombre d'autres composés. La galvanoplastie, la dorure, l'argenture, la télégraphie électrique, en consomment des quantités considérables.

Les bases usuelles. — La plus importante de toutes les bases est la *chaux*, combinaison d'oxygène et de calcium. Nous avons indiqué dans le *Cours élémentaire* les propriétés de ce corps (voir la leçon XXX); nous n'y reviendrons pas ici.

L'ammoniaque ou *alcali volatil*, combinaison d'azote et d'hydrogène, est aussi une base. C'est un gaz, mais il est toujours préparé à l'état de dissolution dans l'eau. Sentez son odeur forte et désagréable, qui provoque les larmes.

Ce corps est employé en médecine et dans l'art vétérinaire comme caustique : il combat avec succès les mauvais effets de la piqûre des insectes et même de la morsure des serpents. On l'administre à l'intérieur, mélangé à beaucoup d'eau, pour combattre l'ivresse chez l'homme, ou le *météorisme* chez les animaux herbivores. Il sert aussi dans le dégraissage et dans la teinture.

Les sels usuels. — Nous avons déjà étudié le plus important de tous les sels, le sel marin. (Voir la leçon XXII du *Cours élémentaire*.) Nous connaissons aussi la pierre calcaire et la pierre à plâtre, qui sont aussi des sels, c'est-à-dire des composés renfermant un acide et une base. Disons deux mots de quelques autres sels usuels.

L'azotate de potasse ou *salpêtre* résulte de la combinaison de l'acide azotique avec une base nommée la potasse. Ce corps est solide, cristallisé; il a un goût salé très prononcé. Il est surtout remarquable en ce qu'il renferme beaucoup d'oxygène, et en ce qu'il cède cet oxygène très facilement aux corps combustibles. Sur ces charbons incandescents je jette un peu de salpêtre : la combustion est rendue beaucoup plus active, parce que le salpêtre a fourni au charbon une grande quantité d'oxygène.

Je mélange maintenant du salpêtre pulvérisé avec du charbon pulvérisé. Une allumette suffit à enflammer le mélange, et à déterminer une véritable explosion, due à ce que le charbon a brûlé avec une extrême rapidité. Cette combustion se serait tout aussi bien produite en vase clos, car ici l'oxygène n'est pas fourni par l'air, mais par le salpêtre. La *poudre* à canon est justement un mélange de salpêtre et de deux corps combustibles, le soufre et le charbon.

Le *carbonate de soude*, appelé *potasse* ou *cristaux* par les ménagères, est une combinaison de l'acide carbonique avec une base nommée la soude. C'est un sel solide, cristallisé, soluble dans l'eau. La dissolution de carbonate de soude a la propriété de dissoudre les matières grasses, ce qui la rend parfaitement propre au lessivage. Je trempe un linge sale dans une dissolution chaude de carbonate de soude : la graisse qui ternissait le linge s'en va, entraînant avec elle les poussières qu'elle maintenait sur le tissu. (Voir la leçon LVII du *Cours élémentaire*, sur le *Savon*.)

Le carbonate de soude est donc très employé dans le

blanchiment et le lessivage. On en use, en outre, plusieurs centaines de millions de kilogrammes chaque année dans la préparation du verre et du savon.

Le *verre*, dont nous n'avons pas encore parlé, s'obtient, en effet, en chauffant fortement un mélange de *sable*, de

Le verre, rendu visqueux par une forte chaleur, est alors susceptible de prendre les formes les plus variées.

chaux et de *carbonate de soude*. La masse fond et forme un liquide pâteux, transparent, auquel on donne aisément toutes les formes que l'on veut, et qui se solidifie ensuite.

L'*alun* est encore un sel. C'est une combinaison de l'acide sulfurique avec deux bases, la potasse et l'alumine. Ce sel est blanc, d'une saveur particulière. Il est fort employé dans la teinture, dans le tannage des cuirs, dans la fabrication du papier. Les médecins l'utilisent aussi.

Devoirs écrits. — Parler des acides usuels. — Parler des bases usuelles, et particulièrement de la chaux. — Parler des sels usuels, et particulièrement du sel marin et du salpêtre.

TABLE DES MATIÈRES.

FIN.

Certificat d'Études primaires (Le), Choix de Compositions écrites, Orthographe, Calcul, Rédaction, pour la préparation au Certificat d'Études primaires, par *M. B. Subercaze*, inspecteur de l'instruction primaire, officier de l'instruction publique :

— **Première Année** (200 Dictées, 400 Problèmes, 200 sujets de Rédaction), *à l'usage des maîtres* : 6e édition; 1 vol. in-12, précédé de la législation relative au Certificat d'Études primaires, *cart.* 2 f.
Le même, sans les dictées (400 Problèmes, 200 sujets de Rédaction), *à l'usage des élèves* : 4e édition; 1 vol. in-18, *cart.* 75 c.

— **Deuxième année** (200 Dictées, 400 Problèmes, 200 sujets de Rédaction), *à l'usage des maîtres* : 3e édition; 1 vol. in-12, *cart.* 2 f.
Le même, sans les dictées (400 Problèmes, 200 sujets de Rédaction), *à l'usage des élèves*: 2e édition; 1 vol. in-18, *cart.* 75 c.

Grammaire de la Langue française, (Phonétique, Lexicologie, Syntaxe), accompagnée de notions historiques, répondant aux programmes officiels de l'enseignement secondaire classique (Division de grammaire), de l'enseignement secondaire spécial et des écoles normales primaires, par *M. J. Clément*, agrégé de grammaire, ancien proviseur, revue et publiée par *M. J. L. Clément*, ancien élève de l'École normale supérieure, agrégé de grammaire, professeur au collège Stanislas; 1 fort vol. in-12, de viii-548 pages, *cart.* 3 f. 25 c.

Littérature, Composition et Style, à l'usage des écoles primaires supérieures et des aspirants et aspirantes au brevet de capacité, leçons professées par *M. W. Rinn* dans les cours spéciaux de l'Hôtel de Ville de Paris, recueillies et publiées par *M. Ch. Rinn*, professeur au lycée Condorcet; 1 vol. in-12, *cart.* 4 f.

Cours d'Histoire de France, à l'usage des aspirants et aspirantes au certificat d'études et aux brevets de capacité de l'enseignement primaire et répondant à la *première année du Cours d'Histoire* dans les écoles normales primaires, par *M. A. Choublier*, professeur d'histoire au lycée Condorcet : 9e édition, continuée jusqu'à nos jours; 1 fort vol. in-12, *cart.* 4 f.

Éléments d'Histoire générale, rédigés conformément aux programmes d'histoire de la deuxième année des Écoles normales primaires (*Histoire ancienne, du moyen âge et des temps modernes jusqu'en 1610*), par *M. C. Pouthas*, professeur d'histoire au lycée de Caen; 1 fort vol. in-12, *cart.* 4 f.

Éléments d'Histoire générale, rédigés conformément aux programmes d'histoire de la 3e année des Écoles normales primaires (*Histoire moderne et contemporaine de 1610 à 1875*), par *M. C. Pouthas*: in-12, *cart.* 2 f.

Géographie de la France, physique, historique, politique, administrative et économique, par *M. L. Sanis*, professeur de géographie des collèges de Paris : 6e édition revue et notablement augmentée au point de vue des renseignements administratifs; 1 vol. in-12, *cart.* 2 f. 50 c.

Cours de Géographie générale, physique et politique, développée surtout au point de vue physique, et comprenant, après un résumé de notions générales, la description détaillée de l'Europe, de l'Asie, de l'Afrique, de l'Océanie et de l'Amérique, par *M. Gasquet*, professeur à la faculté des lettres de Clermont-Ferrand : 3e édition; 1 fort volume in-12, *cart.* 5 f.

Éléments d'Arithmétique, répondant aux programmes des écoles normales primaires, des brevets de capacité de l'enseignement primaire et des cours de l'enseignement spécial, accompagnés de nombreux problèmes donnés dans les examens, par *M. J. B. V. Reynaud*, professeur de mathématiques du lycée et de l'école normale primaire de Toulouse; 1 fort vol. in-12, *cart.* 3 f.

Paris. — Imprimerie de DELALAIN FRÈRES, rue de la Sorbonne, n° 5.